工作，累死你的不是工作
是工作方法！

李文勇 著

幸福文化

推薦序

進入職場後，才發現學校沒有教的事

身處職場多年，目前有兩個自己很喜歡的身分，一個是企業課程的訓練講師，對象包含CEO級的中高階主管；一個是大學院所的副教授，對象是青年學子。如果你問我喜歡哪個身分，和高階主管相比，我更喜歡青年學生，原因是「年輕人有值得造就的各種可能」。和主管的管理課程相比，學校的課程當中，我更愛和年輕學子分享「進入職場才發現學校沒有教的事」。

聽完進入職場的各種現實狀況，課後同學常會圍著我問：「老師，有什麼方法可以盡快幫助我們在職場趨吉避凶？」

通常我的答案是：**「時間經驗和學習工具」**。

「時間經驗」指的是職場新鮮人必須要「用自己的青春歲月，換取確實有用的工作經驗」。

「學習工具」指的是「找出適合的學習工具，加速前進」，而最好的工具就是書本、網路平台和演講課程。如果閱讀一本書，聽一堂課程演講、或看知識性的 YouTube、Podcast，可以在兩個小時吸收作者二十年的功力，絕對是本少利多的事情。（前提是要挑對）

重點來了，目前各位在看的這本書，就是一本「寫給年輕人看，很棒的學習工具」。作者用淺顯的文字和雋永的觀念，陳述出許多「要花時間才能學會的事情」，不必很燒腦，就能夠進入大腦。

本書有五個我很推薦的優點：

1.架構清楚：

作者用「心態、計畫、行動、掌控時間、整理、效率、人際關係、自我完善」等八個章節貫穿全書，每個章節講4到9個觀念，總共47個觀念。

2.內容易讀：

每個觀念內容不長，包含了簡單的道理、小故事或是不同法門，讓讀者方便思考。

3.名人加持：

表面上看起來是47個觀念，但作者很費心的加入許多名人的故事和金句，讓讀者看起來更有「他可以，我也能」的感受。

4.結尾整理：

每個觀念結尾，作者還貼心做了重點整理，或是小測驗，讓讀者可以檢視自己吸收的程度。

5.獨立學習：

47個觀念各自獨立，不用從頭開始看，讀者可以視自己的需要，從標題當中挑出自身的弱項或不足，直接進入書中的頁次閱讀。

這是本很「有用」又很「輕鬆」的書，「有用」指的是看完有幫助，「輕鬆」指的是容易吸收上手。

誠摯推薦給年輕並且不斷進步的你。

李河泉
「跨世代溝通」千萬首席講師、商周CEO學院課程王牌引導教練
東吳大學人文社會學院政治系副教授／老師

推薦序

找對方法，做正確的事

如果將職場工作者的每一天，做個時間區塊切割，大致可以劃分成3大塊：上班努力工作，下班有私人生活，再加上能夠好好休息、睡個好覺。

你有沒有注意過，這3個理應各自井然有序的區塊，只要有任何一個失序，就會交互影響到其餘兩個領域。最常見的情況是，工作沒做完做好，下班後的私人和家庭生活便遭到入侵，自動延長成為上班的下半場；即使加了班，工作還沒完成，晚上多半也睡不太好，甚至沒得睡……日積月累陷入惡性循環。同理，當私人生活不快樂或睡眠品質不佳，也會交互影響到另外兩個領域。

從書名《累死你的不是工作，是工作方法》就可以看出，本書內容是以提升工作效率和效能為主軸，希望工作者既能夠把事情做好，更能夠挑到對的事情，明確努力的方向，進而追求美好的人生。

每個人的學習方式不同，有人是「做中學」，有人是「看書學」，有人是「跟人學」。三者殊途同歸，最終都會總結出適合自己的待人處世之道，但是如果能夠三管齊下，應該有助於縮短跌跌撞撞的試誤、摸索和撞牆期。

本書作者的取材方式，基本上可以說是依循著上述3種路徑，爬梳了知名企業的最佳實務，歸納成功人士的工作心法，結合自己的親身體悟，再以淺白的文字搭配生動的故事，詳細講述許多實用的原則和方法。

在談論高效工作習慣的經典著作《與成功有約》（The 7 Habits of Highly Effective People）中，作者史蒂芬·柯維（Stephen R. Covey）將習慣的養成，拆解成3個元素的交集、缺一不可，分別是：

1. 知識（knowledge）：做什麼、為什麼做；

2. 技巧（skills）：如何做；

3. 意願（desire）：想要做。

相信每一個工作者，或者至少願意翻讀本書的讀者，都已經具備想要把工作做好的意願；接下來就可以隨著書中的每一個章節，從工作的心態、規畫、執行、時間管理、效率、整理，到人際關係、自我完善等主題，逐步學習把工作做對、做好的知識和技能。

工作方法（how-to）類書籍往往「知易行難」，通常是許多能人異士把自己的磨練、積累多時的內功，形於外拆解為具體的步驟和招式。然而，工作心法的「可視化」「操作化」，絕對不等同於按表操課就能練就好功夫。

最好的學習方式就是從困難、問題作為出發點。不妨現在就開始想，自己目前在工作上，是否有哪些地方施展不開、遭遇瓶頸？或是現況不錯，但還想精益求精、再往上升？在本書中，無論是做事、做人、完善自己，都有精采的故事和實用的技巧可供參照。

齊立文
《經理人月刊》總編輯

目錄

第二章

先做計畫

攻守有序，有計畫的工作，才是真正的工作。

第三章

確實執行

行動是目標與計畫的橋樑，行動力是你脫穎而出的指標。

第四章 掌控時間

你怎麼對待時間，時間就怎麼回饋你。

第五章

整理習慣

支配混亂，讓一切就緒，讓專業加級的超級整理術

第六章

講求效率

把80%的時間和精力，放在20%的重要事情上

第七章 人際關係

不要忽視任何不起眼的人，真誠發展關係

第八章

自我完善

重視8小時之外的生活，這是你對生活的堅持

第一章

積極心態

能勇敢面對問題，穩定情緒，是戰無不勝的利器。

01

迪士尼員工：接受工作帶給你的全部

跟著我，你會得到一份世界上最好的工作。

——迪士尼徵才廣告

在迪士尼，員工經常被小朋友這樣問：這裡有幾隻米老鼠？問問題的小朋友，也許在早上剛進來時遇過米老鼠，並與他合影；中午他到樂園另一區用餐時，又遇到一隻米老鼠；也許還會在其他地方碰到。員工的答案是什麼呢？3隻，或者更多？正確的答案是：一隻，他跑到這裡吃乳酪了。

一位員工說：「這是一句我非常喜歡的『真實謊言』。因為在所有小朋友的心目中，米老鼠只有一隻，那是他們的英雄、偶像，而這個偶像只能有一個。如果我們給小朋友的答案是2隻，或者說3隻，那小朋友會怎麼想？他會認為他見到的米老鼠，一定有一隻或者全部都是假的，甚至白雪公主、小矮人等都是假的。如果是這樣，他的迪士尼之旅肯定很失望，遊玩興致和樂趣會大打折扣，我們為此所做的各種表演、道具、環境、氣氛營造等努力，都將付諸東流。」

迪士尼訓練員工觀察每一位顧客，以便根據不同顧客對歡樂的感受差異，主動提供相應的服務，這需要超強的記憶力和耐心。當課程結束時，老師對員工說：「你們即將走上舞台，記住神奇的迪士尼，創造並分享神奇的一刻。每天的迪士尼都不同，不一樣的天氣，不一樣的觀眾，但我們的服務及水準始終如一。」在迪士尼上班被稱為「在舞台上」，員工則是「Cast Member」（劇組成員）。

不管你從事什麼工作，背後都要付出相對的努力。藍領階級有體力勞動的辛苦，工作環境不佳、服裝無法保持乾淨；白領階級也有自己的煩惱，要協調各種矛盾、應付同事之間的競爭、上司對自己的挑剔；位高權重的老闆亦有難處，要承擔企業經營和管理的重任，還要想辦法在激烈的市場競爭中脫穎而出。

也許很多人只看到別人表面上的光彩，卻沒見到其背地裡付出的艱辛。像是看見體力勞動者準時下班，以為他們可以輕鬆自在地休息，不用天天燒腦加班，卻不知這些人已全身痠痛，急需喘一口氣；看見上班族每天穿得光鮮亮麗，待遇也不錯，於是羨慕他們工作體面，卻看不到其背負的沉重壓力；看到企業管理者有權有勢，說話一言九鼎，渴望擁有他們的威嚴和風光，卻不見他們每天要熬夜到凌晨，只為制訂一個企業營運方案。

既然要工作，就要接受工作的全部，而不是只拿薪水，享受工作中的快樂，卻拒絕承擔壓力，不想履行自己的職責，還抱怨又苦又累。這樣絕不是敬業的表現，也不可能取得好成績，更無法進一步提高自己的工作能力。

試想一下，一個銷售人員拿著獎金，卻抱怨客戶難對付，他能創下優秀的業績嗎？一個律師收到報酬，卻批評當事人的案件太複雜，他能為當事人解決實際問題嗎？一名基層員工，領到公司給付的薪水，卻隨便敷衍公司交給他的工作任務，他能贏得主管的信任嗎？還有可能晉升嗎？

那些在求職時要求高薪，卻不願意接受工作辛苦的人；那些在忙碌時抱怨不停，不忙時上網玩遊戲的人；那些領受豐厚待遇，但老是嫌工作繁瑣、客戶難伺候的人，都要記住一句話：**接受工作帶給你的全部，包括種種的「好」與「不好」**。

不可否認，人都有趨利避害、避重就輕的天性，若主管請大家下樓幫忙搬東西，多數人都會揀輕巧的拿。這種現象實屬正常，但對於自己的本職工作，以及這份工作帶來的苦累、煩惱、壓力等，我們應該勇敢地承擔下來，並且毫無懸念地做好。這才是一個員工負責任的態度。

1 拿到公司支付的薪水，就應該做好相應的事

當你抱怨工作的時候，請問自己一個問題：「公司為什麼要聘用我？難道是讓我白白領薪水，而不用做事嗎？」當然不是，公司聘請你，是因為你的能力能夠勝任某個職位的工作，可以為公司創造收益，如果你沒有相應的能力，也不可能進到公司裡來，連抱怨這份工作的機會都沒有。既然來了，而且有領薪水，就應該「在其位謀其政」，為公司盡心盡力。

2 享受工作帶來的快樂，就要承擔它帶來的痛苦

有人羨慕IT產業薪水高，但他們的好待遇不是白拿的，而是承擔了工作帶來的痛苦，像是長時間的加班、高強度的研發工作等；有人說業務員工作時間自由，可以不用朝九晚五，上班時間彈性，但他們的自由是有條件的，就是每個月要有一定的業績。當他們苦苦思索如何獲得業績時，那種痛苦和煎熬你是否想過呢？

你不能擁有高收入，卻抱怨加班痛苦；也不能享受業務員的自由，卻因為業績不好獎金低而心生怨恨；更不能拿著IT工作者的高薪，仍幻想跟自由工作者一樣的閒散。世界上沒有人能享受權利，卻不用盡義務；也沒有人可以不盡義務，卻享受至高無上的權利。

任何事物都有兩面性，既然接受它的好，那就相對要接受它的不好，這才是公平合理的。所以，請接受工作帶給你的全部。

TEST 測驗

你工作快樂嗎？

請根據實際情況回答問題，每道題有三個選項：A. 是這樣；B. 有時這樣；C. 從不這樣。

____ 1. 家人是否盼望你在工作結束後回到家中？
____ 2. 你是否很喜歡向家人講述工作中發生的趣事？
____ 3. 家人是否理解並喜歡你所從事的工作？
____ 4. 家人是否對你所做的工作感興趣？
____ 5. 家人是否多數願意從事你現在的工作？
____ 6. 家人會認為你熱愛自己的工作嗎？
____ 7. 家人是否認為你的工作對社會有益？
____ 8. 家人是否不必擔心你工作的安全性？
____ 9. 家人是否會提醒你，家庭和工作同等重要？

【評分標準】

- 如果選擇 A 多於 7 個（含 7 個），説明你的工作是快樂的。
- 如果選擇 A 多於 4 個（含 4 個），説明你的工作快樂感一般。
- 如果選擇 A 少於 4 個，説明你工作不快樂，建議重新檢視你的工作。

02

歐普拉的祕密：不必迴避必須面對的工作

集中注意力，每一個抉擇都讓你有機會鋪下自己的人生之路，請不斷前行，全速前進吧！

——歐普拉・溫芙蕾（Oprah Winfrey）

身在職場，每個人都會遇到一些自己不願意，或不擅長做的事情；或是上司臨時指派、原本不屬於你的職務範圍之事；抑或一次不到位，需要再加把勁完成的工作。面對這些事情，很多人可能會表現出消極應對的態度，或直接逃避、拒絕，或假裝在做，其實什麼問題也沒解決。他們天真地以為，這樣就可以逃避這些工作的糾纏，但實際上，越是逃避，越想閃躲，受到其不良影響越大，最後吃虧的是自己。

劉悅在一家翻譯公司上班。剛進公司時，她謹言慎行，做事積極，得到主管的認可之後，順利通過試用期。在與公司簽下正式合約後，她感覺通體舒暢，心想：我已經是正式員工，再也不用被那些老屁股呼來喚去了。

一天，部門經理拿來一大疊文件，對劉悅說：「這是一家美國公司的簡介，他們要在自己的網站上增設中文網頁，你把這些資料翻譯一下，下班前我就要結果。」劉悅看著那疊厚厚的文件，心中產生了不滿的情緒，覺得部門經理就是愛欺負新人，為什麼不把這種高強度的工作交給資深員工呢？他們的效率更高，能更快完成任務。但表面上她還是強裝笑臉說：「好的，我這就開始。」

劉悅帶著不滿去做事，不自覺地表現出敷衍的態度，認為只要把上司交代的工作完成就行，便很不在意地翻譯了一遍，然後又去做自己的工作了。在下班的時候，她如期把翻譯成果交出。

第二天，部門經理把劉悅叫到辦公室痛斥一頓：「你翻譯的是什麼東西？客戶看了之後，立即退回來讓我們重新再翻一次，這直接影響了我們公司的形象……」

在職場上，對於**不期而至**的臨時工作，很多人難免會產生一種逃避心理，並在言行中表露出來。這種**「逃避」**會體現在工作成果中。因為一個人帶著**消極心態**去工作，是不可能把事情做好的。

逃避就像慢性毒藥一樣，在短時間內看不出什麼危害，但是卻能在不知不覺中，讓你與晉升之路漸行漸遠。首先，你所表現出來的樣子，會讓主管心裡不舒服；其次，在錯誤心態下工作不到位，會讓主管更加不開心。你會慢慢失去主管的信任和器重，升職加薪還有什麼指望呢？

逃避造成最可怕的危害是，它會讓你漸漸成為一個懶散的人。首先，逃避工作，不一定真能躲得過。如果遇到自己不想做的事情、或一些工作上的麻煩，第一反應是逃避，那麼就失去直接面對挑戰、提升自我的機會。一次又一次的逃避，最終會讓你與成功之路越離越遠。而積極者絕不這麼做，他們會抓住契機不逃避，從中鍛鍊自己的能力。

心態決定一切，有什麼樣的心態，就有什麼樣的結局。喜歡逃避工作的人，其結局可想而知。逃避能解決問題嗎？逃得了一時，能逃得了一世嗎？即便每次都能巧妙迴避，也不必高興，因為最終會為自己的小聰明付出代價，不是嗎？那些經常逃避工作的人，往往在一家公司也待不久，當他們年年跳槽後，發現自己一把年紀，卻什麼都不會。這樣的教訓是非常慘痛的。

對於逃避不了的工作，我們該如何面對呢？

1 最省力的方法——直接面對

在《花木蘭傳奇》電視劇中，有這樣一句經典台詞：「最好的取勝方法，就是將胸口直接面對敵人的刀刃。」你可以把那些不想做的事情、逃避不了的工作視為敵人和刀刃，用積極的心態去面對，把它們解決得一乾二淨。這樣你會變得越來越優秀，職涯也會越來越順利。

若你正忙著手上的工作，上司突然交辦一個緊急任務，這時最好的方式就是「服從」。你可以暫時挪出時間，把上司交代的工作完成。既然他把這份工作交給你，證明他器重你，相信你能做好，這樣就不容易產生逃避心理。

2 敬業的表現——主動解決

相較於直接面對無法逃避的問題，主動解決是進一步的層次提升。

主動意味著自發、自動，像是在辦公室看見洗手間的燈大白天亮著，隨手關掉它；發覺地上有垃圾，順手撿起來；眼見同事忙不過來，主動伸出援手，詢問對方是否需要幫助。這種行為表現，遠遠超出逃避不了時，才不得不面對的做法，如果你能做到這般積極主動，那麼一定會贏得主管的讚賞與同事的信賴。

TEST 測驗

你時常有逃避的心理狀態嗎？

____ 1. 平常和人約會準時嗎？
____ 2. 認為自己可靠嗎？
____ 3. 會因未雨綢繆而儲蓄嗎？
____ 4. 遇到麻煩時，會想方設法去解決嗎？
____ 5. 永遠將正事列為優先，然後再從事其他休閒嗎？
____ 6. 收到別人的郵件，總會在一兩天內就回覆嗎？
____ 7. 相信「既然要做事，就要把它做好。」這句話嗎？
____ 8. 對於自己不願意做的事情，仍會勇敢面對嗎？

【評分標準】

選擇「是」得 1 分，選擇「否」得 0 分。

- **分數為「6～8」**，是非常有責任感的人，行事謹慎，懂禮貌，為人可靠，並且相當誠實。
- **分數為「4～5」**，大多數情況下很有責任感，只是偶爾有些逃避，沒有考慮得很周到。
- **分數在 4 分以下**，是個完全不負責任的人，一次又一次地逃避責任，經常換工作，手上的錢也總是不夠用。

03

像史丹佛人一樣工作：積極規避「心理斜坡」

當這些積壓已久的埋怨、憤怒和憎恨，像CPU快取一樣被一鍵清理之後，給生活帶來的加速效應，讓我驚喜到無以復加——久違的快樂、對生活的喜悅全部回來了。一顆心輕舞飛揚，彷彿愛就在自己身上穿梭，而這種神奇的感覺，貫穿了日後的整整8年。

——史丹佛心理學家吉米·丁克奇（Jim Dincalci）

黃太太在擦桌椅，請丈夫幫忙移動一把椅子，但他卻埋頭看報紙，一動也不動。黃太太火上心頭，把抹布往丈夫頭上一扔。他被突如其來的抹布惹毛了，過去一腳踢翻了垃圾桶……因為一些雞毛蒜皮小事突然發火、說話傷人、亂摔東西，就是「心理斜坡」最典型的表現。

所謂心理斜坡，是指人的感情在外界刺激下，產生不同等級的情緒反應時，所形成類似金字塔狀的心理斜面。心理斜坡越大，越容易向相反的情緒狀態轉化。有人把心理斜坡稱為「鐘擺效應」，即這一刻還興奮無比，愉快地哼著小曲，過一會兒心理狀態就走向另一個極端，怒火中燒，吹鬍子瞪眼。就像一個鐘擺，向右（正向）擺動幅度越大，反過來朝左（負向）的揮動力也越大。這就是我們常說的「喜怒無常」。

身在職場，喜怒無常、陰晴不定，動不動就出現「情緒短路」的人肯定不受歡迎。大家都知道，電力短路會損壞電器，甚至釀成火災。情緒短路同樣危害不淺，既傷害別人、打壞人際關係，也會反噬自己，影響身心健康。造成一個人喜怒無常的罪魁禍首，往往是缺少必要的情緒管理能力。要想讓心理斜坡越來越小，最好的辦法，就是學會控制、調整自己的情緒，而非任意為所欲為，消極地讓情緒牽著鼻子走。

假如有一天，你在工作中和一位同事發生了一點小爭執，其實這並不是什麼嚴重的事情（但當時你被憤怒沖昏頭，沒有冷靜下來，根本無法意識到這一點）。情緒管理能力欠佳的人，當見到對方怒目橫眉、出言不遜時，會立即用比對方惡劣十倍的態度和言語還擊，恨不得一個眼神就將對方「殺死」，一句口舌之快就能讓對方跪地求饒。

但是，善於管理自己情緒的人不會這麼做，他們**會深呼一口氣**，舒緩一下憤怒的情緒；或把視線轉向窗外，看一看外面的世界，而不是局限於當下的狹窄環境；他們還可能及時抽身而出，離開尷尬的氛圍。這不是懦弱的表現，而是積極規避可能出現的心理斜坡，想方設法讓自己恢復理智和平靜。

有些年輕人總認為，隱藏自己的情緒和真實感受是一種虛偽，做人就應該「真實」一點，開心時想笑就笑，不開心時想叫就叫，過自己想要的生活。奉行這種情緒管理法則的人，往往在辦公室裡哭過、笑過、爭吵過、暴跳過，甚至和上司面對面交鋒過。然而，這樣不但沒有達到解決問題的目的，反而會被人認為是情緒管控力低下。

一位擅長情緒管理的客服經理說，**如果你和別人吵架，別人越生氣，你越要保持微笑。**

因為人在生氣的時候，講話速度會不由自主地加快，雙方都搶著說話而不是冷靜聆聽，矛盾就會愈演愈烈。如果此時你保持笑容，慢慢地說話，對方想快都快不起來，這樣矛盾就不容易激化。這話其實很有道理，一個懂得自我控制情緒的人，是不會輕易受到對方情緒波及的。相反地，他們會用自己的情緒影響對方，成為情緒對抗中的掌控者。

快樂是可以尋找的，情緒是可以管理的。如果你能調整管控好自己的情緒，你就是它的主人；如果你被情緒牽著鼻子走，就成了它的奴隸。情緒可以影響你的職場命運，決定你的人生幸福，但前提是要妥善處理，不讓它成為脫韁野馬。曾經位列全美暢銷書排行榜的《情緒智商》（Emotional Intelligence）一書中，將情商（ＥＱ）與情緒管理劃上等號。根據心理學家的觀點，情緒智商涵蓋了以下四種能力：

❶ 覺察自我情緒的能力

❷ 妥善管理情緒的能力

❸ 自我激勵的能力

❹ 覺察他人情緒的能力

覺察自我情緒的能力，指的是隨時隨地覺察自己的情緒，了解自身的情緒狀態；妥善管理情緒的能力，乃是具備擺脫焦慮、憤怒、晦暗或不安等不良情緒的能力，當情緒低落時，能夠很快走出來，坦然面對現實；自我激勵能力，是指能夠專注自己的目標，善於發揮創造力，懂得克制衝動和延遲滿足，並保持高度的熱忱；覺察他人情緒的能力，則是具有同理心，能夠站在另一個角度為他人著想。

擁有這四種能力，是每個追求成功者的渴望，但對於大多數職場人士而言，當下最首要的任務，是學會如何掌控情緒，積極地規避心理斜坡，讓自己成為一個情緒穩定的人。

1 透過轉移注意力冷卻憤怒的情緒

遇到令人生氣的事情時，產生負面情緒是正常的，但這並不等於要立刻發洩出來，可以嘗試轉移注意力，讓自己平復和冷卻一下，之後再採取建設性的方法解決問題。轉移注意力的辦法有很多，可以暫時走開，到外面轉一圈；也可以去洗手間，用冷水沖個臉；或是聽一首曲調和緩的音樂。如果憤怒情緒持續很久還無法平靜，不妨透過運動療法，讓自己的憤怒隨著汗液排出，在運動完畢之後，洗個熱水澡，好好睡一覺，緩解負面的情緒。

2 適度表達憤怒，宣洩心中的不快

控制情緒並不代表壓抑情緒，而是避免任何過度的情緒反應。情緒控制的本質，是以最恰當的方式來表達，就如大哲學家亞里斯多德所言：「任何人都會生氣，這沒什麼難的，但要能適時適所，以適當方式對適當的對象恰如其分地生氣，可就難上加難。」

如果你正為某些事情發愁，為工作上的難題煩惱，千萬不要悶在家裡，不妨找三五個朋友聚聚，吃吃飯，聊聊天，閒扯一些生活瑣事，聽聽別人講的笑話，再自我解嘲一番。也許轉眼之間，壓力就會灰飛煙滅，讓你感覺輕鬆無比。著名作家保羅．科爾賀（Paulo Coelho）在小說《我坐在琵卓河畔，哭泣》（By the River Piedra I Sat Down and Wept）之中，也講述了一段類似的、自己親身經歷的原諒歷程：

「一天清晨，當我從加州的死亡谷向亞利桑那州的土桑邁進時，在心裡寫下了一份名單——那些所有傷害我、讓我恨之入骨的人。我一邊走著，一邊在心裡逐個檢視他們，6個小時之後，當我終於到達土桑時，卻訝異自己的靈魂變得如此輕盈，而人生也有了一個驚喜的轉變。」

3 換個角度看待問題，以調整心情

面對同樣一件事，懂得情緒管理的人，會從這件事裡看到好的一面；不懂得情緒管理的人，會陷入這件事造成的潛在困惑中。例如，早上出門時間晚了點，眼看上班就要遲到了，偏偏路上遇到紅燈，或前方堵車，越著急心情越不好，心情越不好，就越想發火。如果這時改變一下看問題的角度，發覺難得有機會利用等紅燈的時間，看看路旁的街景，觀察匆匆趕路的行人，也許著急上火的情緒就會平復下來。

再如面對失戀的打擊，心情沮喪是可以理解的，但有些人認為：「對方離開我，是因為我不夠好，且一無是處，令人嫌棄。」這樣一想，自信心就沒了，會更加難過。但如果換個角度思考：「對方離開我，是給我重新尋找愛情的機會，說不定我能找到更好的對象。」這樣一來，對生活就重新有了期盼，心情便容易轉好，且更快能振作起來。

真正造成我們情緒不佳、心情不好的，並不是糟糕的外在事物，而是**看待問題的角度**、**選擇情緒的能力**。EQ高的人不輕易被外在事物左右心情，反倒是利用智慧來看待問題、選擇情緒，讓心理斜坡對自己失去破壞力。

TEST 測驗

你處於何種心理斜坡？

當電梯超重時，沒有人肯走出來，它就永遠不能運行。此時有三位乘客，分別是提著大包重物並背著巨大旅行包的 A，帶著四個小孩的 B，身材肥胖得令人驚訝的 C。到底誰最該走出電梯呢？

【評分標準】

- 選 A：
  都說你是感性的，但是仔細觀察，卻似乎是超乎尋常的理性，喜歡分析事物。那為什麼還會有人覺得你很感性呢？那是因為你總是變來變去，前後不一致。
- 選 B：
  很多時候你都給人唐突的感覺，事實上，你在貌似突然行動之前，已經經過了考慮與掙扎，並不是沒有大腦的白癡。只是你總是比較嚮往一種淳樸的生活，而對於社交感到陌生而無力。
- 選 C：
  你常常會壓抑自己的內在需求，而迎合社會規範。例如，做一個好人、一個好孩子、一個正直的人、一個有愛心的人等等。

04

賈伯斯：專注於最重要的目標

這就是我的祕訣——專注和簡單。簡單比複雜更難：你必須費盡心思，讓你的思想更單純，讓你的產品更簡單。這麼做最後會很有價值，因為一旦實現了目標，你就可以撼動大山。

——史蒂夫．賈伯斯

在很多人心中，賈伯斯就是蘋果的代名詞，蘋果就是賈伯斯的化身。如果你認真解讀，並且研究過擁有賈伯斯靈魂的蘋果，便會明白——**蘋果的核心不是「創新」，而是「專**

注」，至於最後得到的創新，只是專注到人跡罕至的地步。

專注是一種特質，但在賈伯斯看來，它還是一種能力，更是一種心態。「決定不做什麼和決定做什麼同樣重要，」賈伯斯這樣說，「對公司來說是這樣，對產品來說也是這樣。」當賈伯斯不想被他認為不重要的事情分散注意力時，他會完全忽略它們，就好像這些事情從來沒有發生過一樣。

在賈伯斯病重期間，他曾會晤谷歌創始人賴利．佩吉。在言談中，賈伯斯非常直接地告訴賴利．佩吉：「現在谷歌發展的面向太廣了，到處都是，應該只專注於5個重要的目標，把其他的專案都扔掉，否則它們容易扯後腿，把谷歌變成微軟。」

賈伯斯說：「擁有專注力將改變你的人生。專注意味著要對上百個好點子說NO，因為我們要仔細挑選。這就是我的祕訣——專注和簡單。**簡單比複雜更難**：你必須費盡心思，讓你的思想更單純，讓你的產品更簡單。這麼做最後會很有價值，因為一旦實現了目標，你就可以撼動大山。」

1 砍掉不重要的目標，留下最重要的

很多年輕人剛入職場時，心中充滿遠大的抱負，條列許多目標。可是過不了多少時日，就在現實工作的打擊下，變得疲於應付，甘於平庸。事實上，目標不明確、不單一，就很難實現。

法國作家莫泊桑很小的時候，就表現出超凡的文學才能，他的舅父帶他去拜訪福樓拜，想請福樓拜擔任莫泊桑的文學導師。但莫泊桑年輕氣盛，見了福樓拜之後竟然問：「你究竟會些什麼？」

福樓拜沒有回答，而是反問莫泊桑：「你會些什麼？」

莫泊桑得意地說：「我什麼都會，只要你知道的，我都會。」

福樓拜很平和地說：「那好，請先告訴我你每天的學習情況。」

莫泊桑非常有自信地說：「我每天上午用兩個小時來讀書寫作，用兩個小時來彈鋼琴；下午用一個小時向鄰居學習修理汽車，用三個小時來練習踢足球；晚上，我會去燒烤店學習怎樣製作燒鵝；星期天則去鄉下種菜。」

說完後，莫泊桑得意地反問：「福樓拜先生，您每天的工作情況是怎樣的呢？」

福樓拜笑了笑說：「我每天上午用四個小時來讀書寫作，下午用四個小時來讀書寫作，晚上，我還會用四個小時來讀書寫作。」

莫泊桑不解地問：「你只會寫作，不會別的嗎？」

福樓拜沒有回答，而是繼續問：「你究竟有什麼特長，比如，哪方面的事情做得特別好？」

這下莫泊桑回答不出來，於是問福樓拜：「那麼您的特長又是什麼呢？」

福樓拜自信滿滿地說：「寫作。」

透過這段對話，福樓拜讓莫泊桑認識到專注的重要性。

做得多、會的多，並不值得驕傲，有自己最具競爭力的特長和優勢，才值得大聲說話。

把你那些不重要的目標砍掉吧，留下最重要的即可，或許它與你的興趣有關，或與你的特長有關，或與你的專業有關。

2 將有限的精力聚焦於最重要的目標

陽光普照的戶外，如果你用一面凸透鏡將陽光聚焦起來，照在一張紙上，不用多久時間，那張紙就會燃燒起來。為什麼？因為凸透鏡能聚光、聚熱，最終光和熱轉化為熾熱的能量，變成了一團火。成功不就是這樣嗎？需要聚焦，也需要專注。

繼續回到莫泊桑身上，他拜福樓拜為文學導師之後，一開始並沒有得到福樓拜的指導，教他如何寫作，而是讓他去大街上觀察來來往往的馬車，和駕車的車夫。

福樓拜請莫泊桑選擇其中一位作為目標，每天盯著他觀察。並說：「如果有一天，你能把這個車夫描述得和其他車夫不一樣，那你的寫作就過關了。」

將有限的精力聚焦到最重要的目標上，一遍一遍地重複。如果你願意這麼做，堅持這麼做，也許你就是下一個莫泊桑。

3 保持耐心，因為專注的效果最初並不明顯

過早放棄的浮躁心態，是專注的大敵。

一位著名的成功大師，被邀請到一個會場演講，主題是「我的成功祕訣」。當布幕

徐徐拉開時，舞台正中央懸掛著一個巨大的鐵球。

大師對觀眾說：「請兩位身強力壯的男士上來，用大鐵錘敲打鐵球，直到它擺盪起來。」很快地，就有兩名年輕人自告奮勇，衝上舞台，拿起鐵錘就打。可是一聲震耳的巨響過後，鐵球紋風不動，繼續敲打，依然穩若泰山，因為鐵球實在太大了。台下的人喊聲不斷，兩個年輕人敲了幾下，就累得沒力氣了。

這時大師從口袋裡掏出一個小錘子，對著鐵球敲打起來，一下、兩下，他敲得很有節奏，很有耐心，也很漫不經心。10分鐘過去了，20分鐘過去了，會場開始騷動不安，有的人竊竊私語、有的人忍不住叫罵，甚至憤而離去。突然，前排的觀眾尖叫道：「鐵球動了。」剎那間，眾人的目光聚集了過來，果然，鐵球在慢慢地晃動。大師繼續敲打，鐵球越晃越快，越盪越高。

簡單的事情重複做，就會產生累積效應。每一次小錘敲打，都是一點能量，能量集聚得多，就會產生撼動天地的力量。

PRACTICE 練習

專注力訓練：格舒爾特表

在一張有 25 個小方塊的表格中，將 1 ～ 25 的數字打亂順序，填寫在裡面（如圖），然後以最快的速度從 1 依次找到 25，要邊讀邊指出，同時計時。

正常成年人完成的速度，在 **15 ～ 25** 秒之間，而未成年人在 35 ～ 50 秒之間。你會是多少呢？

1	23	11	2	7
18	22	9	3	24
6	10	15	8	13
12	17	19	14	16
25	4	21	5	20

本章重點總覽

HIGHLIGHT

- 既然要工作，就要接受工作的全部，而不是只拿薪水，享受工作中的快樂，卻拒絕承擔壓力，不想履行自己的職責，還抱怨又苦又累。
- 心態決定一切，有什麼樣的心態，就有什麼樣的結局。
- 快樂是可以尋找的，情緒是可以管理的。如果你能調整管控好自己的情緒，你就是它的主人；如果你被情緒牽著鼻子走，就成了它的奴隸。
- 專注意味著要對上百個好點子說NO，因為我們要仔細挑選。

第　二　章

先做計畫

攻守有序，有計畫的工作，才是真正的工作。

05

奧蒂嘉：杜絕沒有計畫的日子

在時裝界，庫存就像是食品，會很快變質，我們所做的一切，就是為了減少反應時間。

——Inditex 集團創辦人阿曼西奧・奧蒂嘉（Amancio Ortega）

關於計畫，先來看一個很有名的故事：

布蘭科和奧蒂嘉都是西班牙人，他們雖然同年，而且是鄰居，但家境卻相去甚遠。布蘭科的父親是富商，住的是別墅，坐的是豪華轎車。而奧蒂嘉的父親以擺地攤維生，住的是陋屋，出門靠步行。

從小，布蘭科的父親就對他說：「兒子，你長大後想做什麼都行。如果想當律師，我就讓我的私人律師教你，他可是知名的大律師；如果想當醫生，我就讓我的私人醫生教你，他可是我們這裡醫術最高明的權威；如果想當演員，我就把你送到最好的藝術學校，幫你找最好的導演和編劇，為你量身訂做角色，讓你永遠扮演主角；如果你想成為商人，爸爸可以親自教你，我會將所有的經驗全部傳授。」

而奧蒂嘉的父親總是這樣對他說：「兒子，爸爸的能力有限，沒什麼東西能給你。你除了跟著我去擺地攤外，其他的就別想了。」

兩個孩子都把父親說的話牢記在心裡。布蘭科先學法律，但沒幾天，就覺得律師工作太單調，不適合自己的性格。他想反正還有其他事情可以做，於是開始習醫。但當醫生，每天都要和病人打交道，需要耐心，他沒做多久，又覺得自己不想幹這一行。他思考之後，也許自己當演員最適合，於是轉而學演戲，可是拍戲太辛苦了，他仍舊放棄。最後，只好跟著父親學習經商，但沒過多久，父親的公司就在金融危機的打擊下破產了，最終，他什麼也沒有學會，一事無成。

奧蒂嘉跟著父親去擺地攤，幾天之後就哭著不肯去，因為太累了，而且經常遭人白眼。可是每次想到自己除了擺地攤，也沒有其他出路時，就只好硬著頭皮繼續做。

慢慢地，他意識到如果想翻身，就要先認真擺地攤。於是他開始規畫自己的人生，如何從擺地攤走向開公司。結果，不出幾年，他就擁有了自己的店鋪。三十年後，他創辦了屬於自己的服裝集團。如今該集團在全球六十八個國家，有將近四千家專賣店。二〇二〇年，奧蒂嘉以五百五十一億美元的個人淨資產，位列《富士比》世界富豪榜的第六位。

這個故事告訴我們兩個重點：

第一，選擇越多並非越好，反而讓人拿不定主意，無法堅持到底。也就是退路太多，太容易退而求其次。

第二，沒有計畫的人生是渾渾噩噩的，註定為毫無目標的蹉跎。

經常有人以「我太忙了，哪有空做計畫」當藉口。殊不知，磨刀不誤砍柴工，磨刀就是先期的計畫，乃在為砍柴做準備。如果不磨刀，用鈍刀只會誤時誤事。因此，不管你有多忙，都應該先擬定計畫。也恰恰是因為你忙，更需要制訂計畫，因為一個合理的計畫，可以讓你理清思路、明確方向，知道每一步該做什麼，這樣才能成效卓著，而不是瞎忙。

計畫就是設定目標和達成目標的步驟，而目標是座燈塔，為我們指引前進的方向。達成目標的步驟是路線圖，可以確保我們每一步都在做正確的事，都在向目標靠近。如果沒有計畫，就很容易偏離方向，難以達到理想的效果。

事前不做計畫，就像是摸著石頭過河，也像是東一榔頭、西一棒槌在亂敲，往往會走很多冤枉路。有時工作到一半，才發現這不是自己想要達到的效果，於是前功盡棄，重新開始；有時工作完成後，才驚覺漏洞百出，根本不是主管預期的結果，只好趕緊糾正和補救。如此一來，耗費了更多的時間和精力不說，還無法讓上層滿意。於是有人暗自抱怨「吃力不討好」，殊不知，這是自己事前沒有計畫所導致。

在日本的企業界，有這樣一句話：「管理就是做計畫。」在德國的職場，則是「沒有計畫就談不上工作。」可見，計畫有多麼重要。

1 明確計畫的要素

計畫不是隨隨便便就可以做的，一個完整的計畫，通常要包含幾個主要問題：

❶做什麼？

❷怎麼做？

❸做到什麼樣的效果？

❹什麼時間完成？

這是個人計畫所包含的四大要素，如果你是企業管理者，要思考的問題還有兩個：

❶由誰來做（涉及到分配工作和授權的問題）？

❷花費多少（涉及到費用安排和財務開支的問題）？

在思考這些問題的時候，將每一條都寫在筆記本上，然後對照著這個計畫去執行。不論你是基層員工，還是企業管理者，都應該牢記這幾大要素。每天上班時，最好在腦子裡先規畫清楚，知道哪些是最重要的事、需達到什麼效果、什麼時間做完，這樣就不會漫無目的地混日子了。

2 把未來一週的工作納入計畫

工作無計畫，效率必低下。每個人都應該考慮未來一週的工作重點，將其納入自己的計畫中：週一做什麼，週二做什麼，週三做什麼……每天都要確定一個合適的工作量，並朝著這個目標去努力。如果當天都能完成計畫，那麼一週後，你的工作效率就不可同日而語了。

對於繁忙的管理者來說，更應該每週制訂一個計畫：明天有什麼安排？後天上午要約見一位重要客戶；大後天要出差……這些事情看起來瑣碎，但如果做成一個計畫，就可以將它們安排得井井有條，而不是忙忙碌碌沒有成效。

3 避免計畫常見的兩大錯誤

擬定計畫雖然不是什麼高難度的技術，但如果不小心，就會掉入陷阱。接著，就來介紹計畫常見的兩大錯誤。

▼錯誤一：誤判自己的能力

把計畫中的目標訂得太不切實際，導致的後果就是提前陣亡，悔恨羞愧。這種心態會使人對自己的能力產生懷疑，對計畫的作用產生不信任，且覺得：「我今天的工作沒完成，是我不夠努力導致的，我真對不起自己！」

要想避免好高騖遠，在制訂計畫之前，首先要對自己的能力和工作進度做一個初步判斷，然後再具體規畫進程。計畫中的目標設定，應該稍高於個人能力，既富有挑戰力，又可以激發潛能，促使你更加努力地去完成。

例如，一名銷售員每天的平均業績是兩千元，那麼，他就可以將自己的日營業額目標訂為兩千二百元～兩千五百元，試著努力看看。如果有達到，他會覺得很開心；如果沒達標，只要不低於兩千元太多，也不會有太大的挫折感。

▼錯誤二：想要制定完美計畫

有些人很喜歡擬定計畫，做什麼事都要把計畫訂得近乎完美，將所有大事小事都考慮進去。只要計畫不符己意，就不想要執行。這種偏執的做法並不可取，因為完美的計畫是不存在的。畢竟它著眼於未來，而未來的事情是瞬息萬變的，這就是為什麼我們常說「計畫趕不上變化」。這並非否定計畫，而是要**適時調整應對變化的事物**。千萬別陷入完美思維的錯誤，計畫應抓大放小，把大概的內容框住，然後積極採取行動。

職場箴言

人際關係學家戴爾．卡內基說：「不為明天做準備的人，永遠不會有未來。」

06

貝多芬：隨時記下你的待辦事項

如果我不馬上寫下來，很快就會忘得一乾二淨。如果我把它們寫進小本子，就永遠不會忘記了，也用不著再看一眼。

——貝多芬

研究發現，人一次能夠處理和把握的資訊數量，在「7減2」和「7加2」之間，也就是說，人一次最多能處理9件事。雖然個人能力或多或少有一定的差異，但大體上就是同一時間只能處理5～9件事，這個數字被稱為「魔法數字」，意味著絕大多數人難以超越這個範圍。

有時候我們在短時間內，要處理十件以上的事情，管理階層也會向下屬傳達很多指令，其實這些都是徒勞，很難被完全記住，更別說全部做好。如何才能安排好自己的事情？怎樣才能記住主管交代的工作呢？最好的辦法只有一個，那就是拿出筆和紙，把待辦的事情都記錄下來，然後一件事接一件事地做，直到全部做完，這才是最有計畫、最高效的工作方式。

事實上，每個人都有計畫，但很多人放在心裡，而不是在紙上。計畫在心裡，就很容易隨著心情和客觀事實的起伏而變化。正因為計畫在心裡，所以誰也看不見、聽不著，即使沒有去做，也不會受到批評。但如果你把計畫寫在紙上，甚至有意讓人看見，會不會成為前進的動力呢？

當把待辦事項寫進筆記本裡，列出一張工作清單時，實際上就等於給自己許下一個承諾。如果做不到，就會有一種「失敗感」，意即對自己失信了。你應該充分利用這種「自我愧疚感」來督促自己，並像兌現承諾一樣，逐一完成這些待辦事項。

待辦事項就是手工製作的短期計畫，它是你未來幾個小時、幾天或幾週的工作目標。它的存在，可以幫你確定什麼是要做的事情，只要你認真以對，按照它來行動，就可以有條不紊地達到目的。那麼，該如何列出待辦事項的清單呢？

1 什麼時間列清單？——每天清晨或前一天晚上

什麼時候要列出待辦事項的清單呢？毫無疑問，是在這些事情還未被處理之前。如每天上班來到公司，第一件事就是把這一天的工作進行整理，並按照一定的順序記錄下來，這樣你的時間管理會變得更有效率。假如你是公司的管理者甚至是老闆，在開會前十分鐘，也很有必要列個會議清單，記錄要點，就像發言提綱一樣，讓自己知道這個會議該講什麼內容。如果不事先準備，完全憑記憶，效果就會差很多。你可能講著講著就離題了，或是被問了一個問題，思路便全亂了，整場會議答非所問、不知所云，這樣就達不到開會的目的。

2 如何表達待辦事項？——準確地寫出工作項目

在記錄待辦事項時，如何表達清楚呢？最好是把任務寫成這樣的形式：「對某目標做什麼事！」舉個例子，如果要寫一份年度報告，不要只簡略記錄「年度報告」，而要更精準地寫成「找出公司四個季度的財務報表，做一份年度報告」。不要寫「與黃經理聯繫」，而要寫「週一下午3點到4點，打電話給黃經理」。亦即盡可能一句話把事情說得更具體，讓你一看就知道怎麼做。

3 如何處理不確定的工作？——踢出清單

在列清單的時候，你可能會遇到這種情況：某些事情似乎要做，但又可以不做，或者過幾天再做。對於這樣的事情，你該怎麼辦呢？很好辦，那就是把它踢出待辦事項清單，只留下未來一週，甚至是未來兩三天或當天必須做的事情，這樣才有緊迫感。

4 如何處理臨時加入的工作？——選擇恰當的位置插入清單中

待辦事項清單只是一個較為理想化的計畫，而未來是很容易變化的。像是昨天晚上你剛列好一張待辦事項清單，今天上班時，主管卻突然安排一項緊急的工作給你，有時候還不只一項，或是同事臨時請你幫個什麼忙……對於這些計畫之外的工作，該怎麼處理呢？

正確的做法是，對照列好的工作清單，結合偶發事件的重要性和緊急性，將其加入。然後，逐一來處理。

5 如何對待工作清單？——利用空閒時間翻看，時時提醒自己

將待辦事項記錄下來，是為了容易記住，並知道什麼時候去完成。既然已條列出來，就要不時翻看一下，切不可置之不理，否則工作清單就失去其意義了。

6 檢視待辦事項是否合理？

一張待辦事項是否合理，需具備以下幾個特點：

- 具有可操作性，是可行的。
- 有規定完成的時限。
- 指向一個清晰的目標。

對照這三點，看看自己的清單，是否存在一些問題呢？如果符合這些條件，那麼恭喜你，它是合理有效的，可以放心地照做。

PRACTICE 練習

記錄待辦事項

無論是對待工作還是生活，都可以運用列清單的方法，來讓自己執行計畫。如下，先從簡單的條列做起：

2021 年 5 月 15 日待辦事項清單

上午：

1. 回覆業務部信件
2. 撰寫企畫案
3. 與廣告商確認合作備忘錄

下午：

4. 兩點開例會（需在三天前準備文字資料）
5. 三點申請這個月的請款項目

07

麥肯錫人：每天繪製一張工作圖表

「這些圖表中所提供的資訊，強而有力地支援了標題，而標題又補充了圖表所論述的內容。在這種情況下，資訊出現在圖表中要比放在列表中更好。」

——麥肯錫工作表格制度

一般的上班族，經常會碰到這樣的情況：

早上九點匆匆忙忙來到公司，把昨天未完成的工作收一下尾；十點拜訪客戶；十一點回到公司，再和同事們一起吃頓速食。接下來，也許是拜訪更多的客戶，或參加團隊的會議，一天就這樣結束了。

事實上，類似的工作情況，每個人都會遇到。事情是如此的多，工作又是千頭萬緒，於是有人就開始抱怨：「天啊！時間過得真快。」「每天總是忙碌而凌亂，搞得我暈頭轉向，真不知道怎麼辦才好？」「這件事不急，我可以留待明天再做嗎？」

每個人的時間既不比別人多，也不會比較少，唯一不同的是，高效能的人懂得合理利用時間，而且還會努力爭取時間。試問，你能講出每一個小時裡，都做了什麼嗎？其中有多少時間是在做有意義的事呢？更重要的是，因為不合理地安排，你又浪費多少時間呢？

為了避免類似的困擾，麥肯錫人的工作經驗是，每天繪製一個表格，讓表格來提醒他們安排的事項。麥肯錫人表示，只要養成繪製表格的習慣，表格就自然會安排工作，讓你每一天都在有序中度過。

究竟是怎樣的表格如此神奇呢？其實，它沒什麼特別之處，只是隨手畫幾條橫線直線成格，並按照一定的順序，在表格裡填上各項事務的完成時間。

1 如何繪製工作表格

你可以在每天下班前，花十分鐘的時間，先問自己：「今天我做了哪些重要的事？」然後，把它們記錄在一個手工繪製的表格裡，如下圖所示：

工作內容	進展情況（完成了嗎？進度如何？）
寫一個企畫案	已經搞定
準備一場演講	已經搞定
……	已經開始，還要花大概兩個小時才能完成，明天繼續

當你做完手工繪製的表格，整不整齊不重要，重點是要**把事情描述清楚**。

如果事實不容易製成表格，就把要點寫下來，張貼在記事本裡。隨後，再想一想明天的工作計畫，並以表格的形式呈現出來，作為指導原則。事實上，隨手繪製一張簡單的圖表並不難，難的是其內容。透過圖表製作，你可以找到通向高效工作最近的捷徑，並減少一些不必要的時間浪費和精力損耗。圖示呈現出來的資訊，既是對未來的預覽，也是對現在的掌握。

2 工作表格的效果

每天繪製一張工作圖表，對你的幫助是非常大的，但前提是要持之以恆。如果只是某一天心血來潮，那是不切實際的。堅持一個月，你會發現效果是意想不到的。

首先，工作圖表可以激發你的積極性，使你對自己的工作目標更清晰。當一天的工作結束時，拿起圖表好好檢視一番，可以發現哪些工作完成了，哪些尚待努力，哪些能做得更好，從而使你清楚看到下一步需要加強的地方。

其次，工作圖表可以幫你記住每天需要做哪些事情。因為人不可能每件事都記得清清楚楚，顧此失彼經常有之，總是被眼前瑣事弄得焦頭爛額。很多事情並不是一次或一天就能搞定，需要分配時間陸續完成。有了工作圖表，就可以有條不紊地進行，完全不用擔心忘記什麼事情。繪製表格可以排定工作的優先順序，節約許多寶貴的時間。如果沒有它，就等於失去一份行動計畫書。

08

高盛的管理絕招：預先安排好完成的時限

工作或學習中的deadline，除了外界施加，個人也應當對自己提出要求，並把它當作一個強制性的標準。取信於人很重要，取信於自己亦然，這能讓你尊重自己的計畫和安排。

——高盛公司

有人說：「我要成為百萬富翁！」有人說：「我要當大老闆。」還有人說：「我要賺錢買好車。」這樣的話常常在街頭巷尾聽說，可是一年過去了，五年過去了，他們還是老樣子——沒有成為百萬富翁，沒有當大老闆，當然也沒有買到好車。

如果你問他們，為什麼沒有實現自己的目標，他們很可能會說：「不急，我不正在努力嗎？過幾年就可以實現目標了。」如果你再問：「要過幾年呢？有具體的時限嗎？」他們又會這樣回答：「為何要具體的時限？反正我能實現就行，晚幾年又有什麼關係呢？」

這些人的想法是美好的，目標是誘人的，但沒有計畫，不訂時限，缺乏行動，完全可以視為說大話、吹牛皮。空有目標，卻沒有計畫，更無實現的時限，那麼這個目標就沒辦法開始去做。這就是人性，因為人都有拖延的毛病，假如完成一件事沒有時間限制，就會不疾不徐、不慌不忙，一直拖下去，反正明天可以做，後天也可以做，著急什麼嘛！

髒衣服該洗了，但今天有點累，不想動，還是等明天再說吧；房間太亂了，應該整理一下，但今天有點忙，沒時間，還是等有空的時候再說吧。類似的拖延在工作上十分常見，有個客戶需要回訪一下，但最近抽不出身，那就先把別的事情忙完再說。可是忙過之後再回頭時，發現他已經成了別人的客戶。

經常聽人說：「為什麼我的目標無法達成？」答案很簡單，因為沒有設定一個明確的期限。假如你計畫今天必須把某項工作完成，哪怕加班到半夜也在所不惜，那麼你就會產生一種緊迫感，逼著自己全心全意來做這件事。至於其他的事情，可以暫放一邊，直到做好這件事為止。

人的大腦就像電腦一樣，輸入什麼指令，它就會做出相應的動作。**不能對自己太客氣、太寬容，而要嚴格設定期限來完成工作，並養成習慣**，接下來才能按部就班，繼續下一階段。

設定一項工作的完成期限，可以使注意力都集中到這個目標，避免無關緊要的小事干擾。當你的行為與目標脫節時，期限會產生一種約束力，讓你及時回到正軌。例如，下個月5號你要參加證照考試，這就代表複習時間已經有了明確的期限。期限可以讓你產生一種內驅力，驅動你一直向前。

如果你有一天的時間，可以完成一項工作，那麼你就會花一天的時間去做；假如只有一個小時，則再怎麼辛苦，你也會拚命在時限內完成。

當然，在這之前，你要先確定做什麼，這是目標問題。接著，就從確定待辦事項開始，介紹如何設置完成的時限，以及如何達成目標。

1 確定待辦事項

任何計畫都離不開目標，目標是計畫的前提和保證。你要做的事情，就是一個很明確的目標，當有了目標之後，就知道要做什麼了。像是明天要拜訪一位客戶，接下來就可以圍繞這件事來做計畫。

2 為待辦事件設定時限

在針對某項工作制訂計畫時，設定時限是很重要的一環。以拜訪客戶為例，你可以結合自己的工作情況來確定時間。例如明天上午有重要的工作，那麼就把拜訪時間訂在下午。當然，事前要和客戶溝通，看他明天下午是否有空。如果對方ＯＫ，那麼時間就已確定，時限也清晰可見。

有時候，同一時間要處理的事情很多，這時就可以按照前文所介紹的記錄法或圖表法，將這些工作按照重要程度標示順序，再分配合適的時間來完成，這樣就確定了完成時限。

3 限制待辦事項的數目

每個人的精力都是有限的，如果想在有限的時間內做無限多的事情，只會把自己累壞。聰明的做法是，合理地取捨一些不必要的事情，把時間留給重要的工作。例如，一天之中只做最重要的三件事，其他就留到明天再做。在這一天，僅為這三件事設定完成的時限，並在每個時限裡，全力以赴。

4 妥善安排不同工作的次序

值得注意的是，對於必須要做的事情，應該妥善安排它們，讓不同的工作能發揮相互協調的作用，使你能夠勞逸結合，這樣既可以完成任務，又不影響身體健康。

以下有三件事：完成一個銷售計畫書，拜訪一位客戶，寫一篇銷售報告。假如它們的重要程度不相上下，而且都必須在一天之中完成，那麼你可以這樣安排：

上午寫銷售報告（或寫銷售計畫書），然後去拜訪客戶，順便利用中午時間，與客戶吃個飯，下午回來再完成銷售計畫書（或銷售報告）。之所以這樣安排，是因為銷售計畫書與銷售報告同為腦力工作，如果連續燒腦，會使大腦覺得超級疲憊。但這兩件事中間如果穿插拜訪客戶，就會感到輕鬆許多，也會提高工作效率。

當你預先安排完成一項工作的時限，就像是對時間編列預算一樣，是很有必要和非常有效的工作方法。編列預算可以避免衝動消費，而時間預算則能保證在規定時間內，高效完成重要的工作。

職場箴言

你有多少時間完成工作，工作就會自動變成需要那麼多時間。

——帕金森定理

09

麥肯錫思維：排列事情的輕重緩急

在麥肯錫，每個人都有一種習慣，那就是按照工作的重要程度來排序。

——麥肯錫思維

常在工作中左支右絀，或抱怨自己是公司最忙碌的人，抑或每天回到家裡感覺身心俱疲時，你有沒有想過：為什麼會造成這種情況呢？原因究竟在哪裡？很多人不曾思考過這個問題，他們只知道東忙西忙，好像每天都過得很「充實」，卻從不去了解這種「充實」是否真的有價值。

在某大學的時間管理課上，教授把一些鵝卵石裝入一個罐子，然後問學生：「這個罐子裝滿了嗎？」表面上看，這個罐子確實裝滿了鵝卵石，好像也放不下其他東西了。因此，全班同學異口同聲地說：「是的，裝滿了。」

教授笑了笑，從桌底拿出一袋碎石子，倒入罐子中，慢慢地搖晃，碎石子從鵝卵石之間的小孔掉了進去；再加一些，再搖晃。教授做完這些，又問學生：「現在罐子裝滿了嗎？」這一次，學生不敢太快回答，大家有些不太確定：「也許沒有滿。」

「很好！」教授說完後，從桌底拿出一袋沙子，慢慢地倒進罐子裡，並輕輕晃動。做完這些，教授繼續問：「大家說，這個罐子裝滿了嗎？」

「沒有。」全班同學學乖了，很有信心地回答。

「好極了！」教授說完，從桌底拿出一杯水，慢慢地倒入罐子。做完這些事之後，教授問全班同學：「請問大家，從這件事中，你們得到了什麼啟示？」

全班同學陷入一陣沉默，只有一個學生舉手回答：「這件事說明無論有多忙，行程排得有多滿，如果再逼自己一下，就可以做更多的事情。」答完之後，他的臉上充滿得意的神情。

教授點了點頭，微笑說：「回答得不錯，但是沒有抓住重點。」說到這裡，教授故意頓了頓，用眼睛掃了所有學生一遍後說：「這件事告訴我們，如果不先將**大的鵝卵**石放進罐子裡，也許就永遠沒有機會將其他東西放進去。」

教授的話很直白地指出：做事要講究輕重緩急，一定要把握主次先後，這樣才能兼顧各項工作。鵝卵石、碎石子、沙子、水代表的是不同的工作，它們有主次先後之分、輕重緩急之別，只有排列出一個合理的順序，才能有條不紊地做好這些事。

在工作中，我們難免會碰到各種瑣碎、雜亂的事情糾纏在一起。如果不懂得按照其輕重緩急來處理，勢必被這些事弄得焦頭爛額，不但會耗費巨大的時間和精力，還可能做不完、做不好，真可謂事倍功半。

可是很多人是按照下面的準則，來決定做事的優先順序：

- 先做緊迫的事，再做無關緊要的事。
- 先做有趣的事，再做沒意思的事。
- 先做已經排定的事，再做臨時、突發的事。

- 先做喜歡的事，再做不愛的事。
- 先做熟悉的事，再做不拿手的事。
- 先做容易的事，再做認為有難度的事。
- 先做需要花費時間少的事，再做耗費時間多的事。
- 先做資料齊全、準備充分的事，再做欠缺資料、準備不夠的事。

乍看之下，按照這些準則來做事沒有什麼不妥，但實際上這些準則並不符合高效工作的要求。因為高效工作是以實現目標為導向，那到底應該先著手處理哪些事情呢？

對於這個問題，著名的麥肯錫公司給出答案：**應該按照事情的重要程度排出優先次序**。而重要程度是指，對實現目標的貢獻或價值大小。貢獻或價值越大的事情越重要，就越應該優先去做；貢獻或價值越小的事情越不重要，越應該延後處理，甚至不處理。

用一句簡單的話說，即是：「現在做的這件事，是否離目標更進一步？」按照這個原則來判斷事情的輕重緩急。

在上述8種決定優先次序的準則中，最容易被誤導的恐怕是「先做緊迫的事情，再做無關緊要的事情」。大凡低效能的人，他們每天80％的時間和精力，幾乎都花在緊迫的事情上，也就是說，在他們眼裡，最緊迫的事情是最重要的，應該放在首位去處理。按照這種思維，他們把每日待辦事項區分為三個層次：

- 第一層次：今天必須做的事——最緊迫的事
- 第二層次：今天應該做的事——有點緊迫的事
- 第三層次：今天可以做的事——無關緊要的事

這樣的排法，往往會出現迷思，那就是很多重要的事情，往往不一定緊迫。所以，按照事情的重要程度來排序還是不夠的，仍必須結合事情的緊迫性，也就是其輕重緩急來排出順序。建議可將事情劃分為四個層次，如下圖座標所示：

1 重要而且緊急的事

這類事情可能是實現目標的關鍵環節，也可能與你的生活息息相關，它比任何一件事情都值得優先去做。做完做好才可能去做別的工作。

舉個簡單的例子，假如有個人在沙漠裡又渴又餓，馬上就要死了，此時送水給他喝就是重要而緊急的事情，送飯給他吃反而是重要但不緊急的事情。因為對於一個又渴又餓的人來說，水源比食物更重要，只有先給他水喝，才能把他從死亡邊緣拉回來，然後再給他食物，讓他從極度饑餓中走出來。如果先給他飯吃，他也吃不下，因為他早已沒有力氣吃飯了。

建議：重要而緊急的事情要毫不猶豫地去做，並要堅持到底，努力做好。

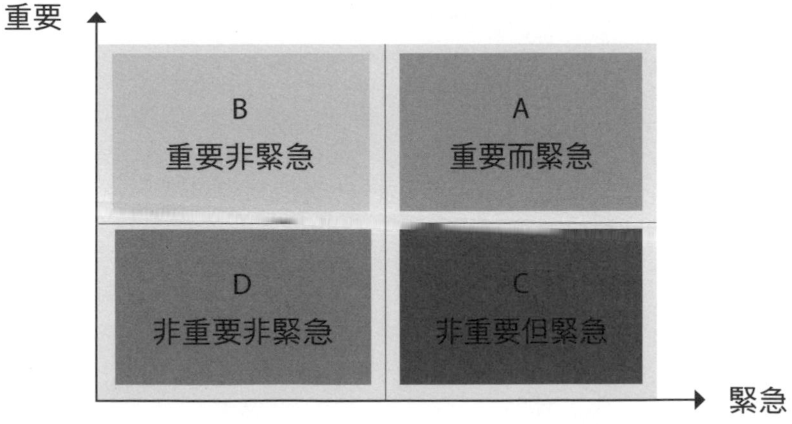

2 重要非緊急的事

類似上面的例子，即重要但非緊急的事情，在工作或生活中很常見。像是指導員工的工作、讀幾本好書、和家人交流感情、節制飲食、鍛鍊身體等等，都非常重要，因為它們會影響我們的健康、事業還有家庭關係，但是不緊急，經常容易被忽視和拖延，導致沒有下文。這類事情考驗的是一個人的自覺性和主動性，只有意識到它們的重要程度，才有可能去認真對待。

建議：認清對自己重要的事情，保持主動和自覺規律完成這些事。

3 非重要但緊急的事

這樣的事情也經常在周遭出現，像同事請你幫他列印一份檔案、朋友打電話叫你現在去KTV唱歌等等。這類事情不重要，但是看起來很急。由於種種原因，我們不忍心拒絕，導致它們影響正常的工作或生活安排。譬如你正在處理要事，同事請你幫忙列印，你不好意思拒絕，結果是手上的工作被耽擱；朋友叫你去唱歌，你還是不好意思拒絕，結果唱到半夜才回來，第二天上班精神不振，工作時當然無精打采。

建議：學會拒絕，不要讓非重要但緊急的事情干擾到正常工作。

4 不重要也不緊急的事

生活和工作中，不重要也不緊急的事情非常多，像追劇、上網玩遊戲等，它們或許有一點價值，但如果毫無節制地沉溺其中，將浪費大量的時間。與其深陷於電視劇，不如讀幾本好書；與其上網玩遊戲，不如去健身和鍛鍊。

建議：不沉迷、不荒廢，珍惜寶貴的時間，用在最有價值的事情上。

10

計畫之外：發現問題，累積經驗

我只有一盞燈，正是它照亮了我腳下的道路，它就是經驗之燈。

——派屈克・亨利（Patrick Henry）

有一本書，主要內容是韓戰的一些回憶。其中有一部分是敘述上甘嶺戰役，它是這麼寫的：

某團士兵被派往上甘嶺接手防務。團長實地考察一番之後，發現上甘嶺的地形非常狹窄，不適合駐紮整個團的兵力，否則很容易為對方炮火所傷。於是，他決定安排六個連輪流堅守，每個連一天。當前面的連撤下來時，會留一個排長和兩個班長，交接當日的戰鬥情況和經驗傳承。如此輪換，接班的連隊就可以迅速吸收經驗。

歐洲某家保險公司的兩位明星業務員，有一個工作習慣：每天中午和下班後，都會回到辦公室進行一次交流。同事們對他們的行為感到不可思議，因為中午大家都在用餐和休息，晚上人都走光了，他們卻還在公司繼續「加班」。其實這完全是不必要的，但他們卻堅持這麼做，怎能不叫人好奇？

這兩位明星業務員為什麼要回來公司？為什麼要在一起交流？他們的目的是什麼？同事們經過一番了解，發現他們討論的是前一天或當天出現的問題，例如遇到了怎樣的客戶？為什麼沒有說服對方購買保險？有什麼更好的辦法可以打動他們？兩個人每次都會將自己碰上的麻煩拿出來探討，商議對策。

當其中一人出差時，另一個仍然會空出時間反思和總結。如果時間允許，他們會透過電話或網路通訊軟體繼續交流，這幾乎是不動如山的工作習慣。也正因為如此，他們的銷售業績才會名列前茅，成為公司的明星業務員。

現代著名作家丁玲幾十年如一日地寫日記，為的是不斷總結和提升自己；魯迅幾乎每天都會發表一篇文章，也是同樣的道理。日日對自己的工作量和工作時間進行一次體檢和分析，可以發現一天中效率的高峰和低谷，找到高效和低效的原因，從而逐漸形成自己一套獨特的效率管理法。

在工作中難免會犯錯，犯一次錯沒關係，但別一直重蹈覆轍。如果重複犯錯，那不是能力問題，而是態度問題。若要避免重複犯錯，最好的辦法就是養成總結的習慣，找出犯錯的原因，並提醒自己注意避免。

另外，透過總結，可以形成自己的高效工作流程，懂得在熟悉的工作上創新方法、加快速度。

總結工作是一個將以往經驗不斷延續下去，並在此基礎上發揮個人的聰明才智，不斷創新工作方法的過程。**可以說，沒有總結就沒有提升。**一個不懂得對自己的工作進行總結的人，隨著時間的推移，他的寶貴經驗就會慢慢蒸發。這樣的人即便做同一項工作十年、二十年，他的能力還是在原地踏步，甚至會倒退。因為隨著時代的發展和競爭的加劇，工作的要求會不斷提高，而他們沒有警覺，自然不進則退。

總結越充分，越能夠提升自己的感悟能力；總結越深刻，對工作的理解越有深度；總結越到位，對工作技巧的提高越有益。難怪有人說，能力是不斷總結出來的，業績是在總結中不斷提升的。職場是公平的，高效能人士之所以成功，原因很簡單：因為他們比其他人更善於總結，並順勢拉高自己的行情。

1 總結的分類

總結有很多類別，包含：日總結、周總結、月總結、年總結，還有工作完成後的總結、完成過程中階段性的總結。事實上，它沒有固定的時間限制，完全是一種自覺的、主動的、隨意性的思維活動。只要你願意總結，每做完一項工作，都可以花一分鐘進行一個簡單結論。切記：不要為了總結而總結，也不要在總結上耗費過多的時間和精力。

2 值得總結的幾個問題

有著「現代公共關係之父」美譽的美國效率專家艾維・李，十分推崇事後總結。他建議人們每天都要設定需要完成的目標，無論它們完成了沒有，做得好不好，一天結束時，都應該坐下來總結一下。

現在就拿出你的待辦事項清單，對照上面的項目，反思自己：

- 這一天究竟發生了什麼事？
- 自己又做了什麼？
- 做得怎麼樣？
- 哪些地方做得好？
- 哪些地方存在不足？如何改進？

對一整天工作進行檢討，並根據檢討的結果制訂明天的計畫，可以督促自己不斷進步。高效能人士大多都有自我反省的習慣，他們在反省時，通常都會關注以上幾個問題。透過不斷的反問和回答，找出改進的策略和辦法。

3 畫一張簡單的總結表

總結工作中的經驗教訓，並不只是在大腦裡反思，最好用筆和紙記錄下來，可以加深印象，也便於以後經常翻閱，提醒自己注意。而且最好做成表格，便於閱讀。

PRACTICE 練習

用簡單的表格總結一天

按照下面的形式，總結一天的表現。

2021 年 4 月 25 日總結	
這一天究竟發生了什麼事？	事件 1、事件 2、事件 3……逐一列出來。主要記錄與工作有關的大事，雞毛蒜皮的小事忽略不計。
今天我做了什麼？	做了什麼、什麼……明確地列出來，實事求是地記錄。
昨天計畫的待辦事項，我今天做到了什麼程度？	比如，昨天計畫今天要完成 5 件事，結果做好 4 件，亦即 80%，而且很到位。
接下來，我該做什麼？	今天剩下一件事沒完成，明天繼續。同時，把明天的工作列出來。
從今天的工作狀態中，有什麼感想和收穫？	今天的狀況不錯，但因上網看新聞耽誤了 30 分鐘，明天記得要避免，以完成所有的待辦事項。

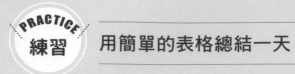

本章重點總覽

HIGHLIGHT

- 工作無計畫，效率必低下。
- 待辦事項的存在，可以幫你確定什麼是要做的事情，只要你認真以對，按照它來行動，就可以有條不紊地達到目的。
- 只要養成繪製表格的習慣，表格就自然會安排工作，讓你每一天都在有序中度過。
- 人的大腦就像電腦一樣，輸入什麼指令，它就會做出相應的動作。所以，不能對自己太客氣、太寬容，而要嚴格設定期限來完成工作，並養成習慣。
- 做事要講究輕重緩急，一定要把握主次先後，這樣才能兼顧各項工作。
- 總結越充分，越能夠提升自己的感悟能力；總結越深刻，對工作的理解越有深度；總結越到位，對工作技巧的提高越有益。

第　三　章

確實執行

行動是目標與計畫的橋樑，行動力是你脫穎而出的指標。

11

王石：從最不願意做的事情做起

第一，不能浮躁；第二，做不願意做的事情，並把它做好，那麼機會就會隨之而來。

——王石（中國企業家）

如果你是一個愛閱讀的人，就會發現：幾乎沒有一本書，是提倡要做自己最不願意做的事情。古今中外，不論是富可敵國的商人，還是知識淵博的學者，他們都在鼓吹要做自己有興趣、喜歡做的事情。但問題是，世界上哪有那麼多你喜歡的、剛好又讓你做的事情？

當你面對一些自己喜歡的和不喜歡的，甚至全部都是不喜歡的事情時，該怎麼辦呢？難道只做喜歡的，而把不喜歡的留在那裡不管嗎？當然不行，因為只要是屬於你的工作，你就要負責執行，否則，便是不稱職的員工。

事實上，能否完成你不願意去做的工作，很多時候不是能力問題，而是態度問題。假使能丟掉浮躁和抱怨，從自己最不願意做的事情做起、最不喜歡做的事情做好，那麼就能在無形之中增強核心競爭力，這將是職場中奮力一搏的重要本錢。

創新工場總裁兼執行長李開復曾經說過：「有理想並追尋理想是好的，但只有先把分內的事做好，才有資格期望更多。」

還有，你不願意做的事情，往往也是別人不願意做的。在大家都不願意的情況下，如果你認真去做，就可能會獲得別人無法獲得的機會。倘若能把握好這個機會，那麼離成功就不再遙遠了。

美國有一家嬰幼兒用品專賣店，為了解決父母忙碌沒時間買東西的煩惱，增加了「打電話送貨到府」的服務。有了這項服務之後，誰負責送貨呢？公司的員工都不願意，畢竟這是一份辛苦的工作。一名新來的員工自告奮勇，而且做得非常到位。幾年後，他開辦自己的物流公司，專門為全城的嬰幼兒用品專賣店送貨，隨叫隨到，只收15％的服務費。結果，他的生意越做越好。

美國管理學家韋特萊指出，成功者所從事的工作，往往是絕大多數人不願意去做的。這就是著名的「韋特萊法則」。要想做好「最不願意做的事情」，應注意以下兩點：

1 設法讓自己產生「做不願意做的事情」的動機

美國心理學之父威廉．詹姆士（William James），對時間行為學進行研究之後，發現人們對待行動有兩種態度：一種是這項工作必須完成，但它實在討厭，所以能拖就拖；一種為這不是項令人愉快的工作，但必須完成，所以得馬上動手，好讓自己能早些擺脫它。

詹姆士說，如果你有了「做不願意做的事情」的動機，那麼就要**迅速**踏出第一步，這非常重要。你只需要強迫自己去做不想做的、做想拖延的事情，而且從每一天所有事情中選出一件，養成一種習慣。

從最不喜歡做的事情開始做，到底有什麼好處呢？詹姆士表示，當一開始就去做自己不喜歡做的事情，並且將它搞定時，內心的所有擔憂和煩惱就會不見，產生一種成就感，並帶著這種成就感，輕鬆地去完成你喜歡做的事情，這樣可以提高工作效率。

2 在做不願意做的事情時，不要忽視細節

有些人雖然接受了不願意做的事情，但思想上不夠重視，態度上不夠認真，導致效果不好，這是應該避免的。既然已經接受，就應該做好，不能敷衍了事，否則就別做。

20世紀80年代初期，美國麥當勞總公司準備前進台灣市場。在正式進軍前，他們在當地舉行了一次公開招聘活動。麥當勞選擇人才有自己一套高標準，很多人都沒有通過。經過層層篩選，一位名叫韓定國的年輕人最終留了下來。

這並不意味著面試結束，相反地，對於韓定國的最終考試，麥當勞公司格外重視，其總裁當面與韓定國談了三次，並問了他一些意料之外的問題，例如：「假如讓你去洗廁所，你願意嗎？」還未等韓定國開口，一旁的韓太太就說：「在我們家，廁所就是他負責洗的。」

總裁十分高興，當場決定錄用韓定國。

進入麥當勞之後，韓定國最初接受的是洗廁所訓練。因為從事服務業要有良好的工作

態度，從卑微的工作開始做起，可以更深刻地體會「以客為尊」的服務理念。在洗廁所時，韓定國十分注重細節，把任何一個可能留下細微汙漬的地方，都洗得十分乾淨，贏得了麥當勞公司的高度認可。後來，韓定國成了知名的企業家，而他最開始做的，就是從自己不願意做的事情做起。

不要輕視任何一件你不願意做的事情，哪怕只是件小到不值得一提，小到任何人都不屑去做的事，它裡面或許蘊藏著機會。當你重視它，並做好其中每一個細節時，你就比別人多了個成功的機會。

TEST 測驗

你經常感覺浮躁嗎？

____ 1. 很難控制自己的情緒，遇事容易急躁。
____ 2. 經常心神不定，煩躁不安。
____ 3. 有盲從心理，做事時容易頭腦發熱，想到哪裡做到哪裡。
____ 4. 見異思遷，做事情不容易堅持到底。
____ 5. 脾氣大，整天無所事事，喜歡耍小聰明，投機取巧。
____ 6. 經常想一些不切實際的事情，好高騖遠，常常換工作。
____ 7. 在找工作時，總想著進 500 強之類的大公司，但由於對自己認識不足，結果經常碰壁。
____ 8. 喜歡結識一些比自己優越的人，瞧不起不如自己的人。

【結果】

對於上面 8 個問題，如果你有至少 5 個「是」，可能存在較強的浮躁心理。你要做的是正確認識自己和現實，學會腳踏實地工作。

12

彼得．杜拉克：督促自己執行計畫中的事項

> 我們應該將行動納入決策當中，否則就是紙上談兵。
> ——現代管理大師彼得．杜拉克（Peter Drucker）

很多人喜歡計畫，計畫去旅遊，計畫去健身，計畫開公司，計畫讀一本好書，計畫看一場電影等等。有了這些計畫之後，他們總是自我感覺良好，似乎一件事一旦有了計畫，就能夠達成。然而，涉及到計畫的執行面時，他們的表現又是另外一回事——堅持幾次就失去激情，最後以放棄收場。

有計畫不去執行，比沒有計畫更糟糕。因為計畫多了，人會陷入盲目的興奮中，久而久之，就很容易變成只會做計畫，不會去執行，最後演變為自欺欺人。比如，擬好一個創新計畫，剛開始行動沒多久，就碰到困難，接著冒出另一個創意，於是把精力放在這個創意上，將之前的創新計畫晾在一旁。時間一長，計畫也就失去魅力，讓人絲毫沒有想執行的熱情。

我們不能滿足於只有計畫，還必須督促自己跟從計畫去做事，堅決執行計畫，這樣才有可能把計畫變成現實。在這方面，美國著名的心理學家加里・弗里斯特，值得每一個渴望達成目標的人學習。

加里・弗里斯特是一個嚴格跟從計畫做事的人，他除了看門診之外，還利用空閒時間寫了十四本書。他是怎麼做到的呢？原來，他有一個非常周密的計畫，在這個計畫裡，他把寫作放在首位，並設定了寫作時間，那就是每個週一的上午九點～十一點半和下午一點～四點。在這兩個時段裡，他從不接電話、出差或做家務。

除了週一，每週還有兩三天都會這樣寫作，但他最看重週一，因為他認為週一會為一週的工作定下基調。正是靠著這樣始終如一的計畫做事，加里．弗里斯特取得了高效的寫作成果。他的故事說明一個道理：要想拚出成績，就必須做到時間固定、雷打不動、確保有效，也就是嚴格按照計畫去做事。

1 把目標分解成具體的步驟

在做一項工作之前，應該把這個工作分解成多個具體步驟。這樣可以在清晰的目標導向下，高效地達成任務。譬如，要給客戶送一份重要的資料：

第一，先確認客戶的地址和在公司的時間，這就需要事先打電話過去詢問。

第二，根據對方的地址查詢路線。

第三，安排自己和對方都有空的時候，將資料送過去。

有了具體清晰的步驟，你是否覺得執行起來難度小很多呢？尤其是在面對較為複雜的工作時，如果不對其稍微細分，很可能會無所適從。事實上，細分後的每個步驟，就是一個很小的目標，透過完成這些小目標，一步步地實現大目標，整個過程會輕鬆很多。

2 按照具體的步驟去行動

把大目標拆分成具體的步驟後，意味著你可以輕鬆地把一切活動、所需要的工具，甚至工作地點的選擇等，都變得清楚可見，而不只是紙上寫一堆籠統的廢話。接下來要做的，就是按步驟去執行。

現代管理大師彼得．杜拉克曾經說過：「高效能的祕訣，就是集中精神。傑出的管理者總是把重要的事情放在前面先做，而且一次只做好一件事。」

怎樣才能保證一次做好一件事呢？就是嚴格按照計畫去做，確保計畫執行的每一步都不受干擾、專注到底。為此，杜拉克還講述了一個他親身經歷的故事。

杜拉克曾經與一位銀行總裁共事兩年，在這兩年時間裡，每個月他都有一次機會與總裁會晤，時間只有一個半小時。會晤之前，總裁總是事先做好準備，這也使得他學會事先做好準備的方法。

每次會晤只談一個議題，談到一小時二十分鐘時，總裁就會對他說：「杜拉克先生，你能把我們所談的內容歸納一下，並概括說明下次會晤的議題是什麼嗎？」等時間滿一小時三十分鐘時，總裁會站起來與杜拉克握手告別。

會晤持續了一年，杜拉克終於忍不住問總裁：「為什麼每次見面，你只給我一個半小時呢？」

總裁回答說：「很簡單，因為我的注意力只能集中一個半小時，如果我們談論一個議題超過這個時間，彼此的談話就沒有新意了。但如果少於一個半小時，重要的問題就無法深入交換意見。」

每次見面都在總裁的辦公室裡進行，令杜拉克奇怪的是，在這期間從來沒有什麼電話來騷擾，也不曾看見祕書進來報告事情，例如有重要人物因緊急事務求見。

有一天，杜拉克提起此事，總裁回答說：「我早就叮嚀我的祕書，在各種會晤期間，不接任何電話。當然，除非美國總統和我太太打來。不過總統極少打電話來，而我太太非常了解我的工作習慣，也不會打電話來。至於其他的事情，一概由祕書當家，直到會晤結束後再向我彙報。」

為什麼這位總裁能在會晤的一個半小時內，做到不被任何事情干擾呢？因為他可以嚴格按照計畫，並形成一種習慣。這種習慣被他的祕書熟知，因此也會積極配合，這樣才能有不受干擾且高效的會晤。忠於自己的目標和計畫，在正確的時間做正確的事，並將事情做到位，乃高效能人士的行事風格，也是通往成功的良好習慣。

職場箴言

擬定計畫不難，難的是堅持，因為最難做的事，是持之以恆做容易做的事。

13

彼得·杜拉克：學會對無關緊要的事說「不」

高效能工作者做事，必先做重要的事，而且會專一不二。

——彼得·杜拉克

身在職場，如果你想提高工作效率，必須明確知道哪些應該做，那些不應該做，即「有所為，有所不為。」對於應該做的，全力以赴去做好；不應該做的，就擱在一旁，有空再說。這樣便可以把有限的時間，用在最需要完成的工作上。

知名管理培訓專家余世維曾說，不要花太多時間在小問題上，而要多花時間在重要的目標上。如果把精力放在小問題上，就會忘記重要的目標。很多上班族看起來很忙，其實都是瞎忙、窮忙，這種忙碌產生的結果往往是：花了90％的時間，卻只對公司做了10％的貢獻，造成這種低效忙碌的原因，就是**過分地關注無關緊要的小問題**。

現代管理大師彼得．杜拉克在《杜拉克談高效能的5個習慣》（The Effective Executive: The Definitive Guide to Getting the Right Things Done）中指出，高效能工作者做事，必先做重要的事，而且要專一不二。什麼叫專一不二？就是在工作時，不要受其他事情的干擾，不參與、不接觸與己無關的小事，以集中時間和精力做好重要的事情。

要想避開這道忙碌的魔咒，最好的策略就是化繁為簡，把雜亂的工作簡單化，以獲得事半功倍的效果。具體該怎麼做，我們可以參考美中貿易全國委員會（US-China Business Council）主席唐納德．C．伯納姆（Donald C. Burnham）提供的「三原則」：

- 原則1：能不能取消它？
- 原則2：能不能把它與別的事情合併起來做？

● 原則3：能不能用簡便的方法取代它？

在這三大原則之下，在檢查分析每項工作時，應該先問自己幾個問題：

▼ **問題1：為什麼需要做這項工作？**

是依據習慣而做，還是別人要求你做？可不可以把這項工作省略掉，或者捨去其中一部分呢？透過詢問這些問題，來想辦法簡化甚至忽略這項工作，以避免它影響重要的工作。

▼ **問題2：如果必須要做這項工作，應該以什麼方式做？**

是邊聽音樂邊做，還是坐在辦公桌前絞盡腦汁，抑或走出辦公室實地考察，或乾脆求助於人？

▼ **問題3：什麼時候做這項工作最合適？**

對於必須做的工作，早做晚做帶來的連鎖反應是不同的。如果有更重要的事情要做，那麼手頭這項工作是否可以推遲？如果有空再去做，會不會影響重要工作的進展？

▼問題4：誰來做這項工作更好？

當主管安排一項無關緊要的工作給你，而你手上正忙著其他重要事情時，則可說明現況，建議主管轉交別人執行。或是發現，一旁的同事剛好有空檔，便可請他幫個小忙，代為處理一些小問題。這樣都能替你擋掉橫生枝節的干擾。

▼問題5：做好這項工作的關鍵是什麼？

先找出解決問題的第一步，找到主要矛盾和關鍵癥結，這樣才能集中火力，一次搞定。

職場箴言

不浪費時間，時時刻刻做些有用的事，戒掉一切不必要的行動。

——美國政治家班傑明・富蘭克林（Benjamin Franklin）

14

艾維・李：永遠先做最重要的事

我可以給你一些忠告，而且能使你的公司業績至少提升50％。

——艾維・李（Ivy Lee）

時間對每個人來說都是有限的，在有限的時間內，如何才能獲得最高的工作效率呢？就是對工作有所排序、有所選擇、有所取捨，即把你認為最重要、最有價值、對實現目標最有貢獻的事情排在第一位，才是最有效的工作原則。最重要的事情分為兩類：

- 重要且緊急
- 重要但不緊急

在嚴格遵從「最重要的事情優先」的原則時，還需考慮緊急程度。就像消防員救火時，不但要救人，還要滅火，前者是最重要的，但後者是非常緊急的，唯有兩者兼顧，才是最成功的救援。

身在職場，你可能每天都會面對一大堆工作，該先做哪些，後做哪些呢？也許有些人會感到無所適從，於是想做什麼就做什麼，甚至眉毛鬍子一把抓，最後往往既費時費力，又沒有取得預期的效果。其實，最高效的做法，就是先做重要的事。

查理斯．舒瓦普是美國伯利恆鋼鐵公司的總裁，他曾因為個人工作效率低下的問題，向艾維．李請教：「艾維．李先生，你能給我一些工作上的忠告嗎？讓我把公司管理得更好！」舒瓦普表示自己有豐富的管理知識，但在執行效率上欠缺許多。「我很清楚每天應該做什麼，請告訴我該如何執行計畫？」

艾維．李說：「我可以給你一些忠告，而且能使你的公司業績至少提升50％。」說著，便拿出一張白紙和一支筆遞給舒瓦普：「請把你明天要做的、最重要的6件事，寫在這張紙上。」

舒瓦普寫完之後，艾維．李對他說：「現在用阿拉伯數字，把每件事對你和公司的重要性標出一個次序。」很快地，舒瓦普就完成了。

艾維．李接著說：「現在把這張紙放進口袋。明天到公司，第一件工作就是拿出紙條，做第一重要的事情。做完之後，再去做第二重要的事情，以此類推，直到你下班為止。」

舒瓦普疑惑地問：「如果我下班了，這6件事沒有做完怎麼辦？」

艾維．李說：「不要緊，就算你只完成了一件，那也是在做最重要的事。」接著補充道：「每天都這樣做，當你發現有效果後，請公司的同仁也照做。某天你覺得我這種方法真的幫你提高公司的效益時，就寄一張支票過來，你認為我的建議值多少錢就給我多少。」

整個會面不到半小時就結束了，幾個星期後，舒瓦普寄來一張2.5萬美元的支票給艾維．李，還附上一封信。信上說：「如果單純從錢的角度來看，你給我的建議，是我一生中最有價值的一課。」

5年之後，這座默默無名的小鋼鐵廠，一躍成為世界上最大的獨立鋼鐵廠。艾維．李的建議功不可沒。永遠先做最重要的事，這就是他高效工作的精髓，這個原則對每個身在職場的人都有幫助。

1 每天開始工作時，把最重要的排在第一位

法國哲學家布萊茲・帕斯卡（Blaise Pascal）說：「把什麼放在第一位，是人們最難懂的。」

許多職場人士不幸被這句話言中，不知道哪項工作是最重要的，哪項是次要的。他們以為工作本身就是成績，只要自己沒有偷懶，一直在忙碌著，就是優秀的表現。其實，這是非常愚蠢的想法。

要知道，職場是講究效率的地方，公司是追求利潤的場所。同樣是上班時間，老闆肯定更喜歡工作成果多的人。因此，想要在職場中表現優異，贏得信賴和認可，必須分清事情的輕重緩急，永遠把最重要的事情放在首位並且做好。

比爾・蓋茲對於權衡事情的重要性，有三個判斷標準：

▼標準一：理解什麼是你必須做的

這包含了兩層意思：一是是否必須做，二是是否必須由你做。只有在非你不可的情況下，才應該將其納入計畫表中。否則，就可以委派給別人去做，自己只負責監督（這是對於管理者而言，普通員工就享受不到這種權力了）。

●標準二：確認哪項工作能給你最高的回報

所謂「最高的回報」，即符合你的大目標，並且比任何其他事情，都能讓你更快地邁向這個目標。

●標準三：明白哪項工作能給你帶來最大的滿足感

有時候最高的回報，並不等於最大的滿足感。想要獲得滿足感，必須平衡各項工作。無論職位高低，總要把一些時間，分配到令你愉快和滿足的事情上，工作起來，才不至於枯燥無味，也更有利於保持工作熱情。

透過三個標準的過濾，事情的輕重緩急就很清楚了，接下來就是幫它們排出順序，並按照這個順序去執行。你將發現，再也沒有什麼辦法，比按重要性原則來更高效了。

2 按照事情的次序，製作進度表

如何才能把每天計畫好的工作完成呢？就像艾維．李的建議：每天列出6件重要的事，依序執行，直到下班為止。

這6件事如果不能當天完成，勢必會影響第二天的工作和計畫。因此，有必要製作一個工作進度表，嚴格控制每項工作的完成時間，如下圖。

在每項工作完成後，給自己5分鐘的休息時間，或喝一杯水，或起身去一趟廁所，然後進行下一項工

按重要性排序的工作	每項工作預計完成的時間
①……（具體工作自己填寫）	9：15～10：15
②……	10：20～11：00
③……	11：05～11：50
④……	13：35～14：35
⑤……	14：40～15：40
⑥……	15：45～17：30

作。工作時間的安排，要結合難易程度和工作量的大小來決定。如果這一天真的無法完成這6件事，也沒關係，只要你能保證按照這個表格去工作，且時時刻刻都在做最重要的事情。

然後，把剩下的工作放到明天的計畫表裡，再把它完成。確實要求自己每一段時間完成多少工作，才能保持正常的工作效率。

職場箴言

雖然人類基本上擁有「多功能」，可以同時做好幾件事，但如果要產生最大貢獻，最好的辦法就是把自己和組織的時間與精力，一次只集中在一件事情上。而且，必須先做最重要的事。

——彼得·杜拉克

本章重點總覽

HIGHLIGHT

- 丟掉浮躁和抱怨，從自己最不願意做的事情做起、最不喜歡做的事情做好，那麼就能在無形之中增強核心競爭力，這將是職場中奮力一搏的重要本錢。
- 高效能的祕訣，就是集中精神。傑出的管理者總是把重要的事情放在前面先做，而且一次只做好一件事。
- 工作時，不要受其他事情的干擾，不參與、不接觸與己無關的小事，以集中時間和精力做好重要的事情。
- 把最重要、最有價值、對實現目標最有貢獻的事情排在第一位，才是最有效的工作原則。

第　四　章

掌控時間

你怎麼對待時間，時間就怎麼回饋你。

15

菁英守則：儘量不要遲到

若非不可控因素，絕對不要遲到。

——菁英守則

遲到是生活中一種十分常見的現象，很少有人敢拍胸脯說：「我從來沒有遲到過。」無論是上班，還是與朋友聚會，遲到現象都可能發生。因為一個時間觀念再強、再敬業的人，也無法預測路上會遭遇什麼意外狀況。或許前方發生交通事故導致堵車，或許自己生病了，身體不舒服，或許因為家裡有突發事件，造成時間耽誤等，類似的原因是真實存在的。偶爾遲到並非什麼罪過，不重視遲到問題，處處表現得消極懶散，才是罪過。對於員工遲到，身為人資主管的我認為，常見的錯誤或處理方式有下列幾種：

● 覺得遲到沒什麼大不了，不就是晚到幾分鐘嗎？下班後在公司待晚一點，把它補回來不就得了？

國有國法，家有家規，公司有制度、規範，按時上班是公司對員工的基本要求。你一人遲到，耽誤的不僅僅是個人的上班時間，還會影響公司的工作氛圍。當大家都在專注做事時，你姍姍來遲，會不會引起側目，影響眾人的工作呢？

● 在遲到後喜歡幫自己找藉口，「路上堵車」「早上起床身體不舒服（如拉肚子、頭疼等）」，想透過一堆理由來避免尷尬和懲罰。

我們不排除上班遲到是因為路上堵車、身體不舒服等原因，但如果總是以這樣的說法，來為自己的遲到行為開脫，會不會太沒有說服力，太讓人覺得虛假呢？為什麼別人很少碰到堵車，偏偏你運氣那麼差，老是堵車？如果真的沒辦法避免，那為何不早一點起床，提前一點出門呢？

- **最令人討厭的是，有些員工屢次遲到，老闆、上司批評，同事提醒，公司依據考勤制度罰款，卻始終不思悔改**，根本不把遲到問題放在眼裡，毫不在意他人的眼光，擺出一副「我就遲到了，怎麼樣？」的厚臉皮姿態。

頻繁遲到，屢教不改，根本不把公司的制度，和老闆、上司以及同事的感受放在眼裡，反正「死豬不怕開水燙」，如果不改變自己，走到哪裡都不會受歡迎。

永遠不要遲到，是職場菁英們的行為準則，也是任何一個有自尊、有羞恥心的人，對自己的要求。畢竟，遲到不是什麼光彩的事，也不會讓人對你產生好感。如果真的在乎自己在老闆、上司和同事們心中的形象，真的想維護尊嚴，那麼請告訴自己：若非不可控的因素，絕對不要遲到。為此，你有必要做到以下幾點：

1 早點出門，預留15分鐘的餘裕

對於上班這件事，除了通勤時間可能有誤差之外，其他都是可以計算和規畫的。儘量早點出門，預留多一些時間。假設正常情況下，要花一個小時才能到達公司，那麼你可以提早15分鐘出門，預留這15分鐘的時間，以應對突發狀況，比如堵車。如果已經預留15分鐘還是遲到了，那麼第二天就要預留30分鐘，以保證能準時到達公司。

2 當遲到難以避免時，以積極的姿態應對

有時候運氣不好，早出門半個小時也無濟於事，遲到還是無法避免。像是前方道路發生交通事故，導致大塞車，此時除了等待，還能做什麼呢？可以先打電話給上司，向他說明情況；打電話給同事，請他先代為處理事情，這是遲到後應有的積極態度。

記住，一定要打電話告知，千萬別發個訊息或簡訊就以為沒事了，萬一上司或同事沒及時看見，還以為你發生了什麼大事，因故未能到班，以電話溝通最直接、最方便。

3 倘若遲到，少找理由解釋，多用行動說話

遲到就需勇於承擔後果，默默接受懲罰，沒有什麼好解釋的。除非上司主動詢問原因，否則，最好閉上嘴巴。你要做的是積極地工作，彌補遲到造成的時間損耗。如果遲到的時間太長，當天的工作做不完，就要選擇下班後留下來繼續加班，以不影響整體工作進度為先。如果能做到這一點，相信你會重新贏回上司和同事的尊重。

TEST 測驗

從遲到看出你的工作態度

在上班途中，因出現特殊情況，隨時可能遲到，這時你會怎麼做？

A. 聽天由命，順其自然，能什麼時候到公司就什麼時候到公司，不強求。

B. 對準時到達失去信心，乾脆請假回家，不上班了。

C. 打電話到公司，告訴主管或同事，你遇到意外，可能會遲到。

D. 覺得遇到意外，遲到可以被原諒，沒什麼好著急的。

E. 採取一切辦法，務必準時到公司。

【結果分析】

- **選 A**：你對工作比較消極，經常發牢騷。建議：停止抱怨，積極工作。
- **選 B**：你不太喜歡工作，覺得工作會影響生活，經常找藉口請假、不上班。建議：不要再找藉口，做個敬業的員工。
- **選 C**：你對工作很認真，基本上是工作狂，但會有選擇性；對於自己感興趣的，會積極去做，反之，就可能消極應對。建議：從不喜歡的工作中發現樂趣。
- **選 D**：你是個不太重視工作的人，對你來說，工作只是賺錢的手段，所以，上班一段時間之後，你就想休假。建議：從工作中發現樂趣。
- **選 E**：你是個超級工作狂，有很強烈的責任感，在公司很受大家的歡迎，工作交給你一定沒問題。建議：繼續保持。

16

高效能人士：活用每天上班的第一個小時

一年之計在於春，一日之計在於晨。

——諺語

很多人來到公司上班，第一個小時往往會被雜七雜八的瑣事浪費掉，遲遲進入不了工作的狀態。最常見的就是吃早餐、看新聞、滑手機、傳訊息，或和同事閒扯幾句，或拿著抹布擦擦桌子，收拾一下辦公桌上的物品，再倒一杯水，去一趟洗手間等等。就是這樣的小事，讓很多人白白耗費了上班的第一個小時。

大部分的公司是早上九點上班，浪費一個小時後，就到十點了。從十點到十二點，只有兩個小時的工作時間，這就是很多人覺得上午過得特別快，工作效率特別低的原因。因為他們不經意，讓上午的工作時間足足變短了三分之一。

上班的第一個小時是非常重要的，它不僅關係到這一個小時的工作效率，還會影響整天的行程安排。高效能人士明白這一點，也知道如何聰明使用它。他們懂得在上班的第一個小時內，將「噪音」剔除掉，然後把精力放在一些重要的事情上。

1 思考未來幾天的工作並制訂計畫

上班的第一個小時，最好不要急著處理瑣事。當然，更不要做與工作無關之事。最好能花點時間深思熟慮一下，對未來的工作進行展望和計畫。比如，確定一個短期或中期目標，思考眼下的工作進展，和幾天內要努力的方向。然後設定一天的工作量，並細分為上午和下午。有了這個清楚的計畫後，當天的工作就不會陷入盲目狀態了。即使這一天工作很忙，也不會是瞎忙，而是忙得很有效率。

2 檢查昨天的待辦事項，並更新今天的清單

昨天的待辦事項都完成了嗎？今天又有哪些需要完成的工作呢？對於這兩個問題，高效能人士在每天上班的第一個小時都會解決。他們首先會拿出昨天的待辦事項清單，看看是否都完成了，如果有未完成的，就結合今天的待辦事項，重新排列一個先後次序。這樣就能心中有數，知道哪些事情可以提前，哪些可以延後。

有些人還會根據這些待辦事項的難易程度，為它們設定完成的時間，有了具體的時間表，每一時段該做什麼、要做多少工作，他們心中都很清楚，也就能保持較高的工作效率。

3 查閱電子郵件，及時處理問題

有些人認為早上看電子郵件不好，因為會讓工作變得被動。但實際上恰恰相反，查閱電子郵件，及時處理問題，才會讓工作變得主動。

為什麼呢？如果昨天晚上有客戶發來郵件，請你提供產品報價，或在郵件裡投訴公司產品，而你沒有在今天上班的第一個小時內處理，會不會讓他覺得不受重視呢？

如果上班的第一時間不處理，難道要等到客戶打電話來催嗎？當然不要，一旦被催，就

變被動了，倘若你當時正在按計畫工作，而客戶來電要求解決問題，你又不得不抽空應付。與其可能被打斷，倒不如一上班就查閱郵件，及時回覆，把該處理的事情直球對決。然後，按照計畫完成一天的工作。

4 與團隊成員進行溝通，而不是急著處理「人際衝突」

身在職場，很多時候不只是一個人在工作，而是要與團隊配合，和團隊成員保持良好的溝通是必要的。在上班的第一個小時，趁著大家還未進入工作狀態，趕緊與相關的團隊成員討論一下進度，商量接下來該做什麼，這是促進和諧、融洽團隊氣氛的有效途徑。

如果有「人際衝突」的困擾，上班的第一個小時不要急著去解決。因為早上大家匆匆忙忙來到公司，情緒處於亢奮狀態，甚至是緊張狀態。這個時候處理人際衝突並不合適，應該等大家情緒都放鬆了，再去設法解決。

17

艾倫・拉凱恩：善用自己的零碎時間

記住，你一定有時間可以做那些對自己重要的事情，這並不是因為你比常人有更多時間，而是你能夠認真規畫，來為自己「製造」出更多時間。

——艾倫・拉凱恩（Alan Lakein）

每一天，我們都有很多零碎時間，對於上班族來說更是如此。像是等公車、等地鐵、等咖啡等，又如與客戶見面前的等候時間，約朋友或同事一起吃飯的等待時間……別小看這些零碎時間，積少成多後的效果是非常可觀的。

這就和小額投資的道理一樣，今天買一點，明天買一點，如果每天都能節省幾塊錢存起來，一年下來就是一個很可觀的數目。同樣的道理，如果每天都能有效利用一些零碎時間，哪怕只有三～五分鐘，日積月累就足以讓你成功。

數學家華羅庚曾經說過：「成功的人無一不是利用時間的能手！」

看看古往今來那些有成就的人物，哪一個不是善用零碎時間的高手？歐陽修曾經對別人說：「我平生所作的文章，多是在『三上』，即馬背上、枕頭上、廁座上。」大發明家愛迪生七十九歲時，朋友卻說他一百三十五歲，理由是他工作時非常專注，把能利用的零碎時間都用上了，經常一天完成兩天的工作，效率非常之高。

日本航空運行技術性能組的組長松山真一有個習慣：每天閱讀一本書，讀完之後還會寫書評，然後上傳到網路雜誌。由於他見解獨到，評論精闢，很多書評都被網友反覆轉載，讀者不下十萬之眾。每天讀一本書，還寫一篇書評，松山真一是怎麼做到的呢？原來，他每天早上6點準時起床，趕搭頭班車上班。由於住家離公司較遠，一趟車程要坐將近兩個小時，因此，他就利用坐車的時間讀書。這不是為了打發時間泛泛而讀，而是非常認真地研讀。每天上班、下班各兩小時，都是松山真一的閱讀時間。由於他非常專心，效率很高，所以，基本上每天都能看完一本書。下班後回到家裡，他就利用空檔寫一篇書評。一切就這麼簡單。

事實上，天才和平常人之間並沒有什麼差別，或許就只是對待零碎時間的態度，和是否懂得充分利用而已。經過長時間的累積，兩者的差距就慢慢拉開了。例如，背包裡裝一本書，或準備一份資料，每天上下班等或坐交通工具時，拿出來看一看，增加知識，構思創意；或者等候電梯、排隊購物時，思考工作上遭遇的問題，回到公司之後，立刻把所思考的結果記錄下來，這樣不就省去做計畫的時間嗎？

關於如何利用零碎時間，美國作家艾倫．拉凱恩在他的《如何掌控自己的時間與生活》一書中，描述了一個稱為「瑞士乳酪」的時間管理方法。瑞士乳酪是一種有很多小孔的白色乳酪，艾倫．拉凱恩把這些小孔比作零碎時間，建議人們在一個比較大的任務中，使用「見縫插針」的辦法去利用零碎時間，而不是消極等待整塊的時間出現，再去做自己的工作。

「瑞士乳酪」時間管理法說：**應該看重每一小段時間的價值，無論它多麼微小**，哪怕只有三～五分鐘，也能幫你完成一些工作。假設你需要花費十個小時做完一項工作，這並不意味著必須連續十個小時一直做，可以利用若干個5分鐘、10分鐘、30分鐘去完成這件事的多個步驟，之後就會發現零碎時間的神奇力量。

這種時間管理法的最大好處是「務實」，相對於整段的時間，更容易找到10分鐘、15分鐘、30分鐘等零碎時間。如果你看不上零碎時間，非要等到有一大段空閒時間出現，就可能要一直等待。即便幸運碰到了，卻有人從中打擾，那就會不想繼續工作下去。因為整段時間被分割，你又想等待下一個，這樣沒完沒了怎會有效率可言呢？

事實上，利用零碎時間並不是什麼難事，但它很不起眼，非常容易被人們忽視。現在，你意識到它的重要性之後，有必要採取行動，把生活、工作中的零碎時間運用到極致，為充實你的內心世界而服務。

找出	喝茶時間與朋友溝通交流思想 乘火車旅行時，用記事本記錄瞬間的靈感
隱藏	拒絕不速之客 為自己準備可節省時間的工具，例如，翻譯機、文件格式轉換工具等
的時間	利用零碎時間處理不太重要的雜事 睡前半小時思考或看書

1 拿出紙筆，記錄你的零碎時間

在開始之前，有必要檢查一下自己每天的時間都用在哪裡，哪些地方有零碎時間可以被利用。請拿出紙和筆，把它們都記錄下來。

看到這個統計，你是否會驚訝呢？原來自己每天有那麼多時間被浪費了（當然，每個人的情況不一樣，時間統計資料也會有所差別）。意識到這一點之後，你可以做個計畫，把適合的待辦事項安排到這些零碎時段中去完成，像是看書、聯絡客戶、思考計畫等等。

值得一提的是，在利用這些時間時，要有一種積極的心態，不要總想著「只有

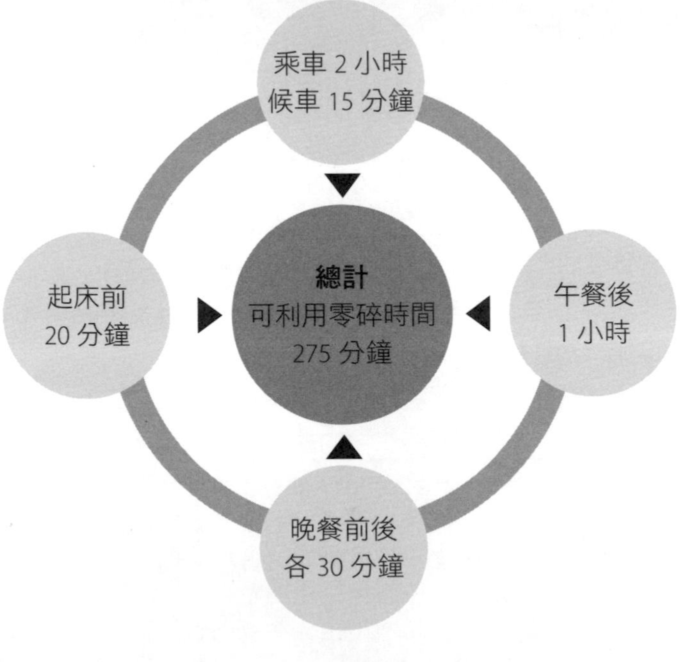

5分鐘，能幹什麼」，而是要不斷提醒自己「還有5分鐘，得充分利用」。並且在利用的當下，要不專心地做事，要不盡情地放鬆，切不可做事的時候想放鬆，放鬆的時候又惦記著事情沒做完。

2 以較小的時間單位做事

以較小的時間單位做事，是「瑞士乳酪」時間管理法的重要精髓之一。許多科學家、企業家、政治家在工作時，都喜歡採用這種方法，他們會把時間細分到小時、分鐘，像是做某項工作，規定自己在30分鐘或一個小時內完成。而我們一般會以天為單位，如在幾天之內完成某件事。

在這個方面，猶太人的做法尤為典型，他們常常以一分鐘能賺到多少錢的概念來工作。猶太老闆請員工做事，是以小時計算報酬的；猶太人會見客人，會把時間精確到分鐘，絕不拖延。客人來訪必須預約，否則，很可能被拒絕接待。雖然這種做法有些極端，但其態度值得我們學習。

當你以小時、分鐘為計時單位時，就會不斷地督促自己加快腳步，這也便於更完善地利用零碎時間。

例如你要構思一個廣告創意，就規定自己在20分鐘之內完成，這段時間很可能就是你在等公車的時間。如果你給自己的時間是一天，那麼在等公車時，就不會想到去構思廣告創意了。因為等車的時間太短，根本不足以完成你需要花費一天去做的工作。對比一下，兩者的差別毋庸置疑。

3 利用先進工具來運用零碎時間

有時想要在公車或捷運裡，拿著一本書不受干擾地閱讀，幾乎是不可能的事情。因為人太多了，可能連踮腳的空隙都沒有，又怎麼看書呢？如果環境條件不允許你利用零碎時間，那就不要勉強，這是很重要的一個原則。

另外，如果善於借助先進工具，對提高零碎時間的利用效率是很有幫助的。像是現在大家都用智慧型手機，完全可以在其上頭瀏覽文章；或是利用小巧的平板電腦，來處理簡單的文書工作。乘車或走路的空檔，可以用手機連絡客戶，省去在辦公桌前打電話的時間。

4 利用零碎時間休息

從來沒有人說一定要利用零碎時間工作或學習，也沒有人強迫你這樣做。事實上，健康的工作方式是勞逸結合，再怎麼利用零碎時間，也不能違背這個原則。

在午餐後的短暫休息時間，可以到戶外深呼吸一下，伸個懶腰；或是在上洗手間或倒水的空檔，看看窗外，放鬆身心。別小看這短短的幾分鐘，它對於「壓力山大」的上班族來說，是十分重要的狀況調整時間，請千萬不要忽視它的作用。

職場箴言

時間是最不偏私的，給任何人都是一天24小時。
時間也最偏私，給任何人都不是一天24小時。

——英國生物學家赫胥黎

18

番茄時鐘法：給每項工作準備專用的時間

如果沒有時間約束，我可能會在各種事情上不斷變換思路，我想同時學習很多東西，但實際上卻收效甚微。

——法蘭西斯科．西里洛（Francesco Cirillo）

有個人開車來到加油站，停在全套服務區。三名工作人員快速迎了上來，第一位幫他洗車，第二位替他檢查機油，第三位給輪胎充氣。他們俐落地做完工作後，車主給了美金10塊錢小費，就把車開走了。

兩分鐘後，車主將車開回來，這三個人又迎上來。車主說：「不好意思，我想知道為什麼你們沒有幫我的車加油？」三人面面相覷，原來他們匆忙之中，忘記最重要的事——加油。

在工作中，你是否會忙碌得忘記某些事情，甚至是重要的事情？你是否會給每項工作預留時間，並在這一段時間裡，專心地做這件事？如果你想成為職場的高效能人士，就必須認真面對這個問題，否則，只會越忙越累，越忙越沒有效率。

某公司有一名很上進的年輕員工，在休假期間，努力自學準備證照考試；另外還參加了一個籃球俱樂部，固定在周末和其他成員一起練球；同時又交了女朋友，常要抽空和她約會。同一時間面對多項重要的事情，年輕人經常忙得不可開交。上班時間，他偷偷用通訊軟體和女朋友聊天，有時還會打電話，這直接影響了工作效率，讓老闆很不滿。

下班後，他和女朋友約會，卻不時在手機群組裡和籃球俱樂部的隊友閒扯，這又影響到他的約會品質，令女朋友非常不滿意。她曾多次勸告他，約會的時候別被其他事情干擾，否則，就改天再約。可是，他對此不以為然，讓女朋友為之氣結，感情出現裂痕。

晚上自我進修時，他又惦記著女朋友，三不五時獻幾句殷勤，學習的過程頻頻被打斷。就這樣，年輕人在幾件事情中屢屢分心，注意力難以集中，結果是沒有一件做得好。

後來，朋友提醒他：「這樣下去是不行的，到時候什麼都做不成！我建議你在一個時段只做一件事，心無旁騖不受干擾。」年輕人接受朋友的建議，將時間重新規畫後告訴女朋友，且得到她的支持。這個規畫是：

- **每天的上班時間，不准聊通訊軟體、發簡訊、打電話。**要全心投入工作，盡最大努力創造好的業績。
- **下班後至晚上八點，屬於和女朋友及家人的交流時間**，可以通電話，也可以短暫地見個面。八點至十點半為自學時間。十點半至上床睡覺之前，為和女朋友的談情說愛時間。
- **周休二日留出半天時間（一個上午或下午）去運動**，無論是打籃球、跑步，都能放鬆身心。
- **周休二日再抽出半天時間陪伴女朋友或家人**，或逛街，或購物，或去看電影，或喝咖啡，這些活動必須保證在半天之內結束。

- **周休二日剩下的兩個半天用來學習，這段期間不接電話、不看簡訊，以免受影響。**

有了這個規畫之後，年輕人知道在什麼時間應該做什麼事。他真的按照計畫嚴格執行，而且堅持了兩年，最後愛情、事業、學業全壘打。

在欽佩他的堅持和執行力之餘，你有必要注意：如果同一時段面對的事情太多，難以預留專門時間，則可根據事情的重要程度，有所取捨。比如，上面的例子中，學習、工作、戀愛這三件事都很重要，無法取捨，但是練球可以暫時放下，以便有更多時間來做其他事情。當然，實際情況要看個人的意願和應對能力。

在高效能人士看來，工作效率等於（生活加目標）減去干擾，「生活加目標」即平衡好工作與生活，在此前提下，工作時要盡可能排除干擾，以提高單位時間的效率。為此，應該做到以下幾點：

1 找出最重要的工作目標

工作目標應該是具體的，而不是籠統、模糊的。你在同一時間要做的事情可能很多，對於這些工作，應該按照輕重緩急排列順序，把最重要的放在首位，這一點前面我們多次談到，這裡不再贅述。

2 找出最佳時段，並安排到各項工作中

最佳時段有兩種含義：

▼不受干擾的時段

在這個世界上，很少有人喜歡在受干擾的環境下工作，如果有人反而能取得更高的工作效率，可說是曠世奇才。對於絕大多數上班族來說，找出自己不受干擾的時段很重要，因為可以把最重要的工作安排在這個時段，並保證高品質完成任務。

某名員工有個習慣，每天上班都會提前一個小時來到公司，因為在這一段不受干擾的時間，他能完成每天最重要的工作。有時候一個小時無法完成，他甚至會提前兩個小時。

透過這種方式，他每天在9點正式上班前，已經圓滿完成最重要的工作。這使他輕鬆許多，剩下的時間可以做其他的事情，因此他的業績蒸蒸日上，獎金也源源不斷。

▼高效的時段

就像記憶黃金時段一樣，每個人都有自己的高效工作時段。有些人在清晨，有些人在深夜。如果你能找到自己的高效工作時段，並且把最重要的工作安排在這段時間，那麼就能取得高品質的執行效果。

3 先安排最重要的工作，再安排其他的事務

最重要的工作安排好時段之後，剩下的工作也需逐一排入。10點到11點應該做什麼？11點到12點應該做什麼？這些都必須了然於胸。

即便每天只有一件事要完成，也可以把這件事分割成許多塊，以一小時為單位，安插到一天的工作時間內。這樣每完成一小塊工作，就會覺得離這一天的目標更近一步，而獲得一些成就感，這種感覺會促使你更積極地去工作。

【做法】：

Step1▶ 每天開始工作時，規畫今天要完成的任務，並逐項寫在列表裡。

Step2▶ 設定你的番茄鐘（計時器、App 等），時間是 25 分鐘。

Step3▶ 第一項任務開工，直到番茄時鐘鈴響或提醒（25 分鐘到）。

Step4▶ 停止工作，並在列表裡該項任務後畫個 X。

Step5▶ 休息 3 ～ 5 分鐘，活動、喝水、上廁所等等。

Step6▶ 開始下一個番茄鐘，繼續該任務。一直循環下去，直到完成，並在列表裡將其劃掉。

Step7▶ 每四個番茄鐘後，休息 25 分鐘。

在某個番茄時鐘的過程裡，
如果突然想起要做什麼事情……

a. 非得馬上去做不可，請停止這個番茄時鐘並宣告它作廢（哪怕還剩 5 分鐘就結束了），然後去完成這件事情，接下來再重新開始同一個番茄時鐘。

b. 不需要馬上去做，就在列表裡該項任務後面標記一個逗號（表示打擾），並將這件事記在另一個列表裡（如「計畫外事件」），然後繼續完成這個番茄時鐘。

PRACTICE 練習 番茄時鐘工作法

【原則】：

1. 一個番茄時間（25 分鐘）不可分割，不存在半個或一個半。
2. 一個番茄時間內，如果是做與任務無關的事情，則該番茄時間作廢。
3. 永遠不要在非工作時間內使用番茄時鐘法（例如：用 3 個番茄時間陪兒子下棋，用 5 個番茄時間釣魚等等）。
4. 不要拿自己的番茄資料與他人的比較。
5. 番茄的數量不可能決定任務最終的成敗。
6. 必須有一份適合自己的作息時間表。

【目的】：

1. 減輕時間焦慮。
2. 提升集中力和注意力，減少中斷。
3. 增強決策意識。
4. 喚醒激勵和持久激勵。
5. 鞏固達成目標的決心。
6. 完善預估流程，精確地保質保量。
7. 改進工作學習流程。
8. 強化決斷力，快刀斬亂麻。

19

富蘭克林：用「現在就做」向拖延症宣戰

> 如果有什麼需要明天做的事，最好現在就開始。
>
> ——美國政治家班傑明．富蘭克林

「著急什麼？慢慢來，有的是時間！」這句話大家一點都不陌生，也許你就是愛用者。身在職場，你可以有「慢慢來」的沉穩心態，但絕不能有磨蹭、拖延的做事習慣。一個滿腦袋裝著「不急，反正還有時間」的人，以為慢工可以出細活，卻不知最後往往得到的不是「細活」，而是「趕活」，試問：趕出來的工作，品質能好到哪裡去呢？

讓我們來分析一下拖延症患者是怎麼「趕活」的：

拖延症患者通常是時間觀念較差的人，他們先是過分模糊地估測時間，後是過分清晰地預判時間。模糊估測時間表現為，面對一項工作時，很難準確地判斷完成的期限。

如果他們認為一項工作一天能完成，便會這樣想：上午做不完沒關係，下午還可以繼續；下午做不完也沒關係，晚上做完就行了。

如果他們認為一項工作一個星期能完成，便會這樣想：一個星期有7天，週一做不完不要緊，週二可以繼續；週二做不完也不要緊，週三可以繼續；週三做不完還有週四……

如果他們認為一項工作需要一個月完成，便會這樣想：一個月有4個星期，第一個星期做不完不要緊，第二個星期可以繼續；第二個星期做不完不要緊，還有第三個星期……

如果一項工作的完成期限超過了一個月，那就更慘了。拖延症患者會想：反正時間多的是，不用急著去做。於是，根本不知道他們什麼時候開始行動。拖延者最常見的心理，如下頁圖所示。

這就是拖延症患者的心理狀態，好像永遠都不著急，總覺得還有時間，這是對時間模糊估測造成的後果。在前期，他們會過於高估自己的實力，認為自己有能力在剩下的時間內完成工作，所以拖一拖沒關係。

在後期，隨著期限逐漸逼近，他們對時間的概念變得異常清晰——怎麼時間過得這麼快，剩下這幾天，怎麼能完成工作呢？於是，他們逼自己坐在電腦前振筆疾

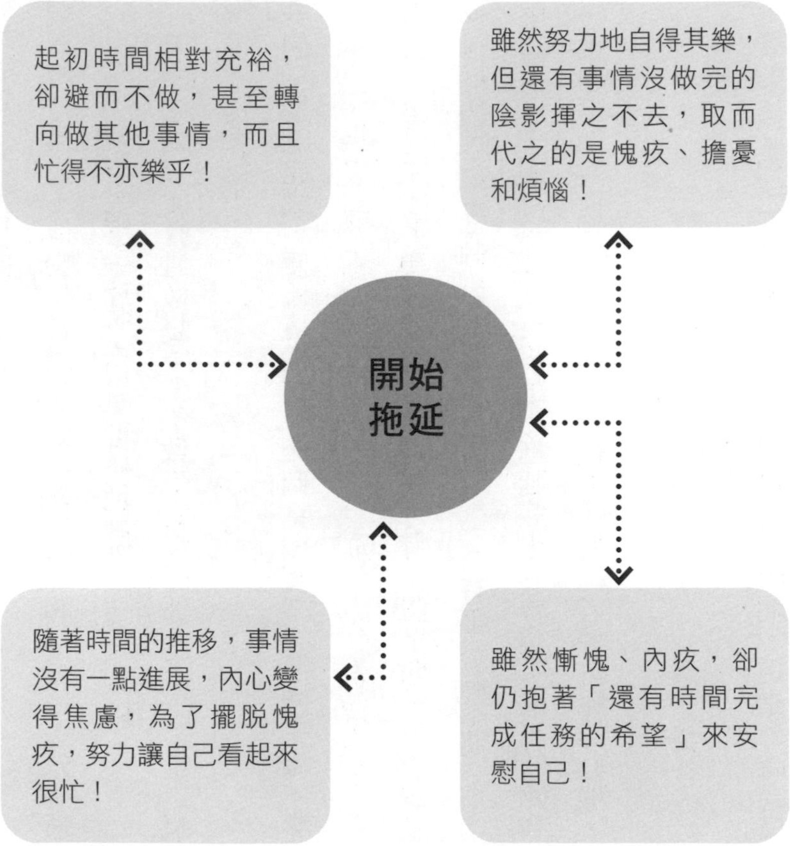
起初時間相對充裕，卻避而不做，甚至轉向做其他事情，而且忙得不亦樂乎！
雖然努力地自得其樂，但還有事情沒做完的陰影揮之不去，取而代之的是愧疚、擔憂和煩惱！
開始拖延
隨著時間的推移，事情沒有一點進展，內心變得焦慮，為了擺脫愧疚，努力讓自己看起來很忙！
雖然慚愧、內疚，卻仍抱著「還有時間完成任務的希望」來安慰自己！

書，瘋狂地寫報告、趕文件。每隔幾小時，就會統計一下時間，並且不停地計畫剩下的時間裡必需的工作量，拚命地催促自己快一點。

如果最後順利「趕完」工作，他們會慶幸自己多有能耐，會為自己的表現感到自豪，下一次故技重施。如果沒能「趕完」工作，他們會變得沮喪，會想辦法找藉口去解釋，請求上司寬限時日。

自古以來，拖延幾乎都與高效無緣，因為趕出來的工作品質難有保證。不僅如此，拖延還是不健康的心態，甚至會扮演健康的殺手。試想一下，當拖延症患者發現時間不多時，拚命地「趕工」，不可避免地要加班熬夜，這與以往懶散的狀態截然不同，身心一下子承受高度的壓力，有幾個人能受得了？那麼，拖延的原因究竟為何呢？

▼原因1：對自己的能力沒有信心，容易逃避

從心理層面分析，大多數人會拖延，是對自己的工作能力**沒有信心**所導致。心理專家研究發現，工作上曾遭遇重大挫敗、沒有自信的人，容易產生逃避心理。他們認為自己的

能力不足以完成任務，於是恣意拖延，遲遲不開始工作，還經常以難度太大、自己太累、狀態不好等為藉口來推拖拉。

▼原因2：具有完美主義傾向，要求太高，不想倉促開始

具有完美主義傾向的人，對自己要求很高，他們在做任何事情之前，都會計畫周密、精心準備，而一直不願意邁出行動的第一步。例如，有一位廣告企畫人員，每次企畫一個廣告之前，都會大量地尋找資料，多方閱讀同類型的廣告文案，有時候甚至是漫無目的的。這就是典型的完美主義傾向導致的拖延。

▼原因3：具有嚴重的消極頹廢心理，覺得什麼事都很難做

一個內心不積極上進的人，表現出來的是懶散、頹廢，覺得什麼事情都不好做，喜歡幫自己找藉口。像是為什麼不讓別人做，而要我做？我偏不做。有時候，雖然明知逃避不了，最後還是要做，但他們仍會選擇拖延來消極對抗。

▼原因4：過度自信，錯誤估計時間進度

一開始過於自信，高估自己的能力，錯誤估計時間進度，認為根本不需要這麼多的時間就可以完成，所以表現得不慌不忙，最後發現時間不夠了，才急急忙忙追趕進度。

看到這些拖延的原因之後，你會發現：拖延行為並不完全是懶惰或沒有責任心的表現，從根本上說，它不是道德問題，而是一個複雜的心理問題。因此，如果你是拖延症患者，也大可不必自責，最重要的是，找到正確的方法來消除拖延心理，讓自己成為積極的行動者、高效的時間管理者。下面幾點建議對消除拖延原因很有幫助：

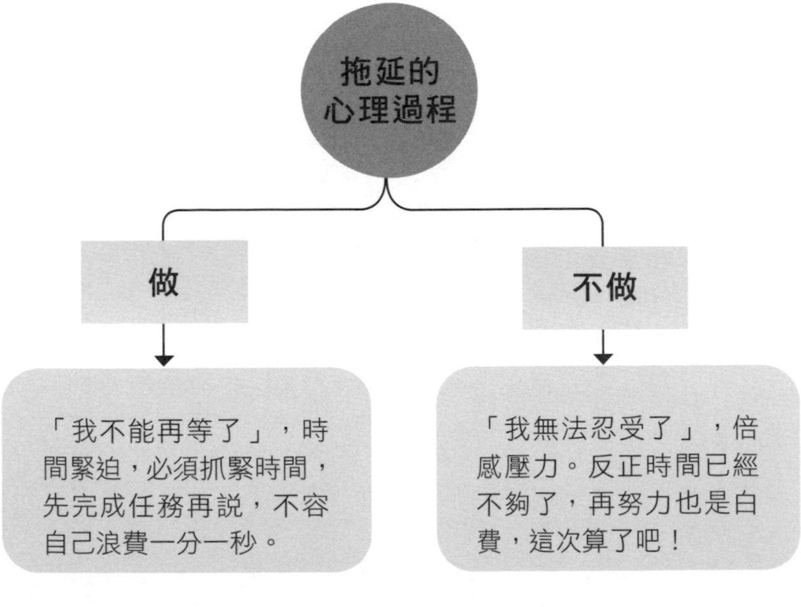
拖延的心理過程
做
不做
「我不能再等了」，時間緊迫，必須抓緊時間，先完成任務再說，不容自己浪費一分一秒。
「我無法忍受了」，倍感壓力。反正時間已經不夠了，再努力也是白費，這次算了吧！

1 提高時間的預測能力

前面提到，拖延症患者往往在接到任務的前期，會模糊地估測時間，錯誤地判斷時間，而不能精確地預測完成一項工作究竟要花多少時間。

有時候他們會低估，像是「我一個小時就能搞定這個企畫案」「兩天就能看完《戰爭與和平》」。有時候則會高估，如「拿下那筆訂單，最少要一個星期的時間」「對方是個難纏的傢伙，想要從他那裡取回欠款，不能急，最少要一個月的時間」。這兩種預測時間的做法，造成的結果是一樣的，那就是會使人無所事事，遲遲進入不了工作狀態。

要想盡可能精確地預測時間，必須先練習時間預判能力。你可以在做一項工作之前，先預測可能花費的時間，然後按照正常速度去做，最後再比較有多少出入。

像早上起床時，預測一下穿衣、漱洗、吃早餐等需要的時間，待全部完成後，再看錶檢視自己預測的準不準。透過練習，會慢慢樹立正確的時間觀念，這對預測完成一項工作的時間很有幫助。

2 訂定可靠的計畫

當你能夠預測一項工作要花多少時間之後，接下來要做的，就是根據這個時間，列一則簡單的工作計畫。

舉個例子，假如一位作家要寫一本10萬字的書，他預測需時2個月：

10萬字÷2個月（60天）＝1666字／天

透過分解目標（10萬字），發現每一天的工作量十分清楚（1666字），而且字數還不多，完成起來很簡單。唯一要做的，就是按照這個計畫去執行，且堅持60天，就可以輕鬆完稿。

當然，如果作家認為每天1666字的寫作量太少了，他可以增加字數來提早完成目標。假設每天寫3000字，那麼寫完10萬字只需33天。再結合出版方的要求，協商出最終的完稿時間。

值得注意的是，要想確保你的計畫是可靠的，它至少應滿足四個條件：

- **第一，可觀察：以某個行為來界定是否完成。**

● 第二，必須具體：目標應該具體，不要說我想跑步鍛鍊身體，應該說，我每天要跑兩公里。

● 第三，有步驟：一步步地來，這個道理誰都明白，關鍵在於每一步都要具體，而且可以觀察。

● 第四，起點容易：確保第一步能在15分鐘內完成，這樣有助於擺脫拖延症。

3 嚴格限制完成時間

人的心理很微妙，一旦知道時間充裕，就會放鬆下來，注意力隨之下降，工作效率也會跟著降低。如果接獲通知，必須在某個時間之前完成工作，就會自我督促，提高工作效率。如果做每項工作，都能嚴格限時，甚至壓縮完成的時間，那麼你就會不斷提醒自己專注，潛力也因此被慢慢激發出來。

愛因斯坦就很善於使用這種方法。他大學畢業後，開始在專利局上班。由於對物理學很感興趣，在上班之餘，努力鑽研物理學知識。他將一天8個小時的工作量，壓縮在4個小時內完成，其餘的時間用來學習和研究。就這樣，他的工作潛能不斷被激發，這也使得他有時間投入物理學的浩瀚領域之中。

在工作中，你也可以如法炮製，防止自己拖延。例如客戶有事找你商量，你當下無法給答案，可以對他說：

「我下午兩點之前回覆。」而不是說：「我想好了再告訴你。」與客戶相約時，如果對方時間允許，你可以說：「要不我們下午三點見面？」而不是說：「等我有空再約你。」

由於先承諾了時間，就不得不去兌現，這樣可以促使你積極行動起來。

智慧箴言

做你應該做的事，能有什麼結果在其次。

——赫伯特

20

柳比歇夫：統計你的時間

切勿相信記憶的估計，人對時間這種抽象物質的記憶是十分不可靠的。

——《柳比歇夫時間管理法》

現代管理大師彼得．杜拉克曾經說過：「一個人不會管理時間，便什麼也不能管理。」

在他看來，學會管理時間是每個人都應具備的能力。作為職場人士，每天上班時間就那麼多，若不懂得管理，那麼工作就談不上高效。每天下班後，發現該做的事情沒有做時，你一定會疑惑：時間到底去哪裡了？如果真是這樣，那麼該學學統計你的時間了。

這裡我們將介紹一種「事件＋時間」的記錄方法。這種記錄方法的開山鼻祖是俄羅斯人柳比歇夫（Alexander Lyubishchev）。前蘇聯作家格拉寧在他所著的《奇特的一生》書中，向讀者描述了柳比歇夫利用這種方法取得的成就。

柳比歇夫涉獵廣泛，多得幾乎令人無法想像。主要表現在：著作，探討地蚤的分類、動物學、昆蟲學、進化論，研究科學史，探索農業、遺傳學、植物保護、哲學、無神論。此外，還寫過長篇回憶錄，追思許多科學家，也談到他一生的各個階段，以及自己的母校聖彼得堡國立大學……

柳比歇夫當過大學教研室主任，還兼任研究所一個科室的負責人，也講過課，且經常去各地考察；他跑遍了俄羅斯的歐洲部分，去過許多集體農場，對果樹害蟲、玉米害蟲、黃鼠等有過實地的研究。在所謂的閒暇時間裡，他將研究地蚤的分類作為一種興趣。

單單這一項的工作量就十分巨大：到一九六五年為止，他蒐集的地蚤標本多達三十五箱，共一萬三千隻。且對其中的五千隻公地蚤做了器官切片，總計三百種。做出這些並不容易，因為他要對每一隻地蚤進行鑑定、測量、切片、製作標本。他的地蚤材料數量是當地動物研究所的六倍。這不僅需要特殊的研究才能，還需要對這項工作深刻的理解。

柳比歇夫既是一個狹隘領域的專家，又是一個博大精深、學識淵博的雜家，他認為自己一生的成就得益於對時間的管理。而他之所以能管理好自己的時間，是因為有一套統計時間的科學方法。接著我們就以實例來看一下他是如何記錄時間的。

烏里揚諾夫斯克（俄羅斯一座城市），一九六四年四月七日

✓ 分類昆蟲學（畫兩張無名袋蛾的圖）……3小時15分鐘；
✓ 鑑定袋蛾……20分鐘；
✓ 附加工作：寫信給斯拉瓦……2小時45分鐘；
✓ 社會工作：植物保護小組開會……2小時25分鐘；
✓ 休息
✓ 寫信給伊戈爾……10分鐘；
✓ 看《烏里揚諾夫斯克真理報》……10分鐘；

✓看列夫・托爾斯泰的《塞瓦斯托波爾紀事》……1小時25分鐘。

烏里揚諾夫斯克，一九六四年四月八日

✓分類昆蟲學：鑑定袋蛾……2小時20分鐘；

✓撰寫關於袋蛾的報告……1小時5分鐘；

✓附加工作：寫信給達維陀娃和布里亞赫爾，6頁……3小時20分鐘；

✓休息

✓看《烏里揚諾夫斯克真理報》……15分鐘；

✓看《消息報》……10分鐘；

✓看《文學報》……20分鐘；

✓看列夫·托爾斯泰的《魔鬼》，66頁……………………1小時30分鐘；

柳比歇夫在記錄時，把日常的事情稍作分類區隔，如基本科研、分類昆蟲學等。這樣做的好處，是方便最終統計各項工作到底花了多少時間。下面是柳比歇夫的統計結果：單說基本科研，他花了59個小時又45分鐘，這些時間花在哪些事情上呢？從柳比歇夫的記錄上一看就很明白。

柳比歇夫的時間統計法，讓我們看到每一天、每一週、每一個月、每一年乃至一生，時間都花在哪裡。這種統計法第一大好處就是，可以讓人增強時間觀念。特別是定期翻看這些記錄時，你會意識到時間過得超快，於是乎告訴自己：不能再將時間浪費在無意義的事情上。

其次，透過時間統計，可以發現做一件事要花多少時間。這能為你再次做這件事提供參考，並成為擬定計畫的資料來源。譬如，利用時間統計總結出，看一本書需要5個小時，

基本科研 ▶59 小時 45 分鐘

分類昆蟲學 ▶20 小時 55 分鐘；
附加工作 ▶50 小時 25 分鐘；
組織工作 ▶5 小時 40 分鐘；

合計：136 小時 45 分鐘

分類工作——《分類法的邏輯》
報告草稿 ▶6 小時 25 分鐘；
雜事 ▶1 小時；
校對《達達派研究》▶30 分鐘；
數學 ▶16 小時 40 分鐘；
日常參考書：利亞普諾夫 ▶55 分鐘；
日常參考書：生物學 ▶12 小時；
學術通信 ▶11 小時 55 分鐘；
學術筍記 ▶3 小時 25 分鐘；
圖書索引 ▶6 小時 55 分鐘；

合計：59 小時 45 分鐘

那麼在下一次計畫時，就可以安排用5個小時來看一本書。

讀到這裡，你一定很想知道，統計時間具體應該怎樣操作？

1 每天記錄，養成習慣

統計時間需要堅持不懈，養成一種習慣。為了便於準確記錄，而不是憑印象估計，在做一件事之前，應該看一下時間；做完後或不得已中斷時，再看一下時間，然後總計花費多久並記錄在案。為了讓自己知道時間確切的流向，任何活動，如休息、看報、散步等耗時，都可以記下來，而且要精確到誤差最好少於5分鐘。

2 保持簡短的記錄，方便攜帶

在記錄時，不用寫感想和心情，只需簡單筆記做了什麼事，並在後面寫上所花費的時間。畢竟記錄時間本身，也是一項工作，如果過於詳細，反而更花時間，而且以後翻閱時，也會增加閱讀量。記得，簡單扼要就好。現在幾乎人手一支智慧型手機，也可以利用它來記錄時間。

3 睡前統計，分析反思

統計時間不是用來當花瓶的，而是需要確實對心靈和時間管理產生作用的，每天睡覺之前，最好用10分鐘，看看這一天的時間記錄，並進行簡單的統計。算一算花在工作的時間有多少，花在其他方面的時間有多少，哪些時間可以省掉，哪些時間可以縮短一些。

如果經常分析和反思這些問題，那麼再做同類的事情時，就會提醒自己加快速度，提高效率，節約時間。這樣你的時間觀念就會逐漸增強，對時間的掌控也會變得更精細。

【評分標準】

選「A」得 2 分，選「B」得 1 分，選「C」得 0 分。

- 0 ～ 14 分：說明你的時間管理能力很差，還有很大的提升空間，需要在計畫性、堅持性、合理性、反思性等方面，來提高自己的時間管理能力。

- 15 ～ 28 分：說明你具備較好的時間管理能力，但還有進步的空間，需要分析自己平時的表現，學會掌握指縫間流失的時間，再把它們合理地利用。

- 29 ～ 36 分：說明你的時間管理能力很強，需要做的是堅持一貫的時間管理方法，同時參考本章的時間管理技巧，讓你的時間管理能力更強。

TEST
測驗

你是時間管理的高手嗎？

每題有三個答案，A：總是這樣；B：有時這樣；C：從不這樣。

____ Q1. 每週或每天工作開始前，都會為自己制訂一週或一天的工作計畫。
____ Q2. 閒暇時會感到無所事事。
____ Q3. 總是把自己的東西放得井然有序。
____ Q4. 做事情時能堅持到底。
____ Q5. 做事時，不容易受到其他的干擾。
____ Q6. 能有條理地完成自己該做的事。
____ Q7. 能辨別什麼是當前最該做的工作。
____ Q8. 能夠做到及時反省自己利用時間的情況。
____ Q9. 每天都能按照自己的計畫進行工作和生活。
____ Q10. 每次做事之前，都會提醒自己要在一定時間內，確保質量完成工作。
____ Q11. 絕大多數的時候，都知道自己應該做什麼事情。
____ Q12. 每天都能按時起床。
____ Q13. 認為自己做事情效率很高。
____ Q14. 當完成一件事情有困難時，不會對自己說：「明天再做吧。」
____ Q15. 從不同時做幾件事情，因為那樣每件事都做不好。
____ Q16. 從未在每天下班回家時感覺精疲力竭，卻沒有完成一天計畫的工作。
____ Q17. 不認為沒有時間做自己喜歡的事情。
____ Q18. 每隔一段時間，便檢查自己時間計畫完成的情況。

21

斯賓塞・拉斯科夫：不要虛擲空閒時間

> 這些企業人士成功的原因，毫無例外地，是因為他們認為下班後的時間很重要，且充分利用，去做對自己事業有幫助的事情。
>
> ——尼勃遜

說到空閒時間，首先要明確其定義。一般來說，指的是可供自己自由支配的時間，也就是人們常戲稱的「8小時（工作）之外」。但嚴格來說，真正的閒暇不應該包括做家務、飲食、睡覺等時間，而是指完全可供個人利用的空檔。

自由，是空閒時間最大的特點之一。正因為自由，很多人才會想做什麼就做什麼，而不考慮所做之事能否提升自己。比如，許多上班族週末選擇睡大覺，以補充連續五天上班早起所缺的「睡眠」，於是我們看到，這些人的星期六基本上是睡到中午。有些人即使睡不著，也會躺在床上玩手機、看電腦，盡情地放鬆身心。

每個人的一生，都有大量的空閒時間，就看你怎麼利用。據調查顯示：一個70歲的西方人，一輩子的工作時間是16年，睡眠時間是19年，剩下的35年便是空閒時間。可見，空閒是一座多麼巨大的寶藏。所謂的時間管理，其實最主要的，就是空閒時間的管理。其效果的好壞，往往直接反映在一個人的成就上。

美國Hotwire.com的聯合創辦人，兼房地產資訊網Zillow的執行長——斯賓塞．拉斯科夫（Spencer Rascoff），就是一位善於利用空閒時間的人。上班時，他認真工作，但是下班之後，他不會繼續加班，而是去做其他的事情。有人曾問斯賓塞：「什麼是你不願意在週末做的事？」

斯賓塞說：「工作，至少是傳統意義上的工作。」他說他的週末是掙脫日常工作的束縛，以便對更重要的問題進行反思的大好時機。

史丹佛的一項研究表明，斯賓塞的話是很有道理的。研究發現，在一週工作超過50個小時後，每個小時的工作效率會急劇下降。而在工作55個小時之後，工作效率下降的幅度會更大。如果你下班之後還繼續工作，往往是毫無意義的。

也就是說，善用空閒時間的精髓，不在於下班之後，繼續加班做公司的工作，而是從事另一些有意義的事情，從其他方面來充實和提升自己。

充分利用空閒時間，首先要了解它是一筆寶貴的財富。法國著名的未來學家貝爾特朗・德・顧維涅里曾經提出：「在未來的社會，人們覺得最重要的不是金錢，也不是商品，而是空閒時間——這種時間可以給人知識和文化。」

如何安排時間並沒有固定的標準，這是因人、因地、因時而異的多樣化選擇。

1 開發式——開發自我潛能、實現自我價值

在空閒時間做自己有興趣的事，透過興趣追求來激發自己的潛能，實現自己的價值。例如希臘偉大的思想家亞里斯多德，喜歡在空閒時間捕捉蝴蝶和甲蟲，並且透過長期的努力和累積，製作了人類歷史上第一批昆蟲標本，使自己成為一名昆蟲學家。

提出「進化論」的達爾文，從小就喜歡打獵、旅行、蒐集標本。上大學時，又利用空閒時間採集植物、昆蟲和動物做成標本。後來，他將自己的業餘愛好發展成為專長，成為舉世聞名的生物學家。

你有什麼興趣嗜好和休閒娛樂呢？如果有，不妨在空閒時間去從事與之相關的活動吧，如園藝、手工藝、烹飪、釣魚等等都可以。透過這些自己感興趣的活動，不僅能放鬆身心，享受快樂，還可以從中激發潛能，實現價值，甚至可以獲得工作之外的、或工作中永遠都無法取得的成就。

2 結合式——把業餘活動當作本職工作的延伸與擴展

在空閒時間不做上班時間的工作，但可以從事與之相關的項目，來間接提升能力，促進工作的開展。譬如思考工作進程，反思工作中存在的問題，為即將到來的下一週制訂工作計畫。在空閒時間內養成反思和計畫的習慣，對提高工作水準和工作效率非常有益。

著名作家范德克姆認為：「計畫使人更有效率，在工作日開始前制訂計畫，意味著你可以做好準備迎接週一。」尤其是週末有空時，花點時間擬定下週的計畫，也許只用30分鐘，就可以大幅提高下禮拜的工作效率，並舒緩壓力。

3 陶冶式——從事有益的活動，以陶冶性情，增長知識

陶冶身心的活動有很多，如一次有意義的冒險活動、和家人一起外出旅遊、繪畫、唱歌、欣賞音樂、觀賞戲劇、擔任志工等等，這些都可以豐富精神生活，舒緩工作上的壓力，為接下來的職涯做好心理和精神上的準備。

4 調和式——從事與工作相互調和的活動

腦力工作者在空閒時間最好多做體力活動，如打打球、跑跑步；室內工作者最好到室外去走一走，如釣魚、爬山；邏輯思維工作者可以參加以形象思維為主的活動，如繪畫、冥想。透過從事與工作相互調和的活動，可以讓你張弛有度、勞逸結合、身心愉悅。

本章重點總覽

HIGHLIGHT

- 偶爾遲到並非大罪過，不重視遲到問題，處處表現得消極懶散，才是罪過。
- 很多人覺得上午過得特別快，工作效率特別低，原因是他們已經浪費上班的第一個小時，讓上午的工作時間足足變短了三分之一。
- 成功的人無一不是利用時間的能手！
- 工作效率等於（生活加目標）減去干擾，「生活加目標」即平衡好工作與生活。
- 身在職場，你可以有「慢慢來」的沉穩心態，但絕不能有磨蹭、拖延的做事習慣。
- 一個人不會管理時間，便什麼也不能管理。
- 善用空閒時間的精髓，不在於下班之後，繼續加班做公司的工作，而是從事另一些有意義的事情，從其他方面來充實和提升自己。

第　五　章

整理習慣

支配混亂，讓一切就緒，讓專業加級的超級整理術。

22

佐藤可士和：值得擁有的超級整理術

保持生活環境的清爽，才能提高工作效率。

——Uniqlo 首席藝術總監佐藤可士和

佐藤可士和稱自己的工作空間為「創意商店」，而不是「辦公室」。因為那裡空敞潔白的程度，彷彿一間空房間。日本導演日比野克彥，在為佐藤解析自己工作方法的新書所寫的推薦序中說道：「他的設計，最大的魅力在於『失去平衡的0.1秒』。我發現這0.1秒，應該是來自於他那又大又乾淨的房間吧。下次，我可以去弄髒你的房間嗎？」

不會整理的後果很嚴重！

- 工作速度慢，不得不靠加班完成工作
- 嘴裡總是碎念「忙死了」，其實根本沒有忙出好結果
- 記性差，一不小心就會造成工作失誤
- 經常把時間花在找東西上，浪費時間
- 大腦經常在思考多項工作，難以專注

這間極度有潔癖的工作室，乍看之下是一間白色的空曠房間。員工區、會議室、佐藤的辦公室被兩道隔間分割成三個區塊，白色的天花板和牆壁，日本柳杉的木質地板，二十張訂製的桌子和椅子就是全部的擺設。

佐藤本人的辦公桌，沒有成堆的設計圖和素材，只有一台電腦螢幕、鍵盤、滑鼠，以及一個 Bang & Olufsen 的音箱。他不斷地在書中強調：「保持生活環境的清爽，才能提高工作效率。」正因為空間整理是最適合初學者的整理術，所以，佐藤可士和整理術的具體操作方法，就是從整理和收納自己的桌子和包包開始的。

超級整理術不僅僅是為了乾淨整齊，更可以提高工作效率。無須花費太多的精力，也不用耗費很多時間，只要按照一定的規則去做，就可以讓自己進入一個井然有序的工作環境中，並且大幅度提高工作效率。

1 「一元化」的整理方式

「一元化」就是把同類的東西放在一起。

像是把文件放在一個抽屜，並且按照時間順序疊放起來；把所有的電子檔存放在命名為「工作」的資料夾裡，然後根據其內容進行分類，歸納在子資料夾裡；將辦公桌整理乾淨，把不必要的物品拿走；文具放在方便取用的地方，讓自己看得舒服。

2 「定期整理」的習慣

檔案存在電腦裡，長時間不管，就容易淡忘。一旦忘了，下次想找到它，就會變得很困難，因為上班族的電腦檔案實在太多。尤其是一些腦力工作者和依靠電腦來工作的人，他們的資料更是會滿出來。

定期整理很有必要。一方面是歸類存放，一方面是清理不再需要者，皆有助提升日後工作效益。

3 秉持「舒適就好」的原則

超級整理術並沒有一套標準，它以整理後讓自己感到舒適為原則。如果你願意，完全可以創新一個讓自己感到舒服的整理方法。假使你沒有這種構想，就接受我們的建議。

記住，整理是為了高效，而非為了整理而整理，倘若花費太多心思和時間，反而把整理變成一件本末倒置的事情。

4 「定期回顧」，可更加精簡

整理是長期的工作，需要定期回顧。在空閒時或安排每週固定時間，看看之前整理過的檔案，把可以歸類的歸到一起，可以合併的予以合併，可以刪除的直接刪除。透過定期的回顧和整理，讓檔案更加精簡。

23

百度辦公桌：學會分類，保持有序

我讚美徹底和有條理的工作方式。

——美國管理學者藍斯登

一位百度的高層主管曾說：「我從來不相信，把辦公桌弄得亂七八糟的人，是優秀的員工，能取得高效的工作成績。」一個高效能員工，是不會花時間從一堆亂糟糟的文件中，翻找出所需要的。因為他們不會讓自己的工作，陷入無序之中，為此他們在平時就會很自覺、很有意識地整理辦公區域，分類管理各式文件。左圖是辦公用品的擺放平面圖（僅供

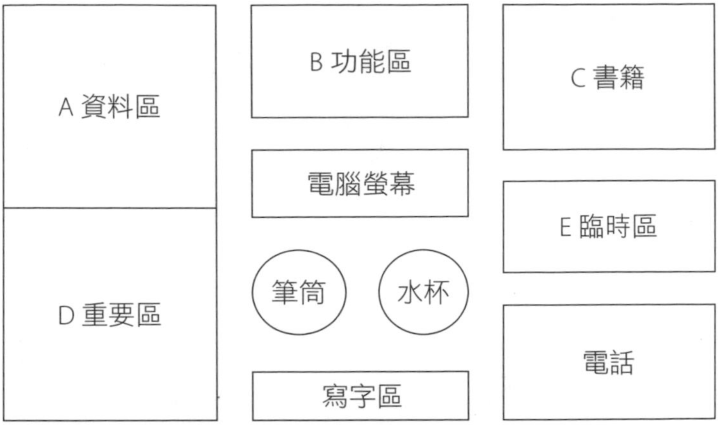

參考）。

美國管理學者藍斯登曾經說過：「我讚美徹底和有條理的工作方式。」他是這麼說的，也是這麼做的，看看他的辦公桌，雜物已經減到最少，他知道一次只能處理一件公文，也明白應該把公文放在什麼地方。

當你問他某件工作或某份公文時，他會立刻從公文櫃中找出來；或者問他已完成的某事時，他眼睛一眨，就知道這件事的檔案歸在何處。在他身上，永遠看不到慌亂翻找的狼狽舉動。再看看他的公事包，裡面層次分明、隨時要用的資料井然有序。

保持辦公桌的整潔，並不只是表面工作。在職場中，很多人每天也會整理桌子，把文具用品擺放的很整齊。但是桌旁的抽屜裡是怎樣的情況呢？同樣整齊還是亂成一團？

一個偶然的機會，我看見一位同事的辦公桌抽屜，裡面的東西和雜亂狀況，令我搖頭嘆息。你知道我看到什麼嗎？不但有鞋刷、洗面乳、護手霜，還有被揉成團的報紙，以及一塊被啃了一半、已經發霉的麵包。

很難想像，在這種狀態下能夠保持專注，及高效地完成每天的工作。如果你把抽屜打開，裡面的食物發出惡臭時，會做何感想？或是裡頭像垃圾堆一樣，什麼東西都有，就是沒有自己想要的辦公用品時，又會如何應對？

請現在、立刻、馬上抽出10分鐘的時間，對辦公桌來一次大掃除吧！10分鐘之後你會發現，一切都這麼有秩序，心情也會豁然開朗，工作的積極性自然提升起來。如後頁圖示。

1 清理用不到的文件和用品

辦公桌**是用來工作**的，那些與工作無關，或已經用不到的文件和用品，應該要毫不猶豫地清理掉。如無效的廣告單、用過的便條紙和計算紙、沒墨水的原子筆，還有那些過期的文件等等。把這些東西一掃而空之後，你會發現：辦公桌上寬敞許多，抽屜空間增加不少，心情也跟著愉悅起來，就像剛剛幫家裡進行一次大掃除，把垃圾全扔出去一樣。

整理的步驟：從「分類」到「還原」「丟棄」，才算整理。

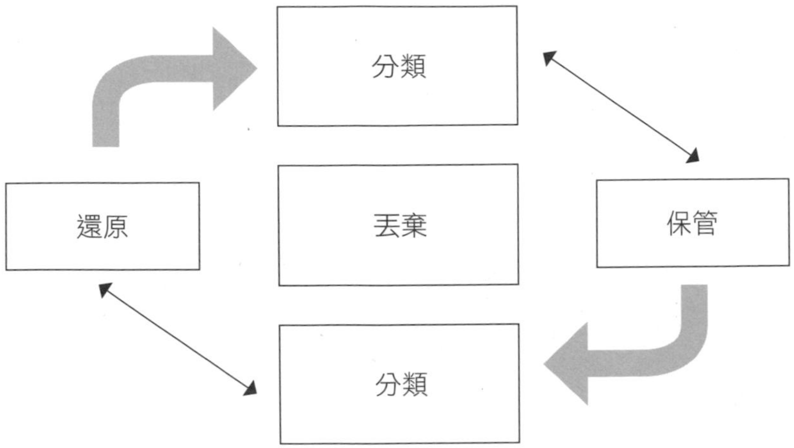

2 製作目錄卡片，分類保管文件

工作中，每個人或多或少都會保留一些文件。有些沒有用了，可以清理掉。有些說不上有用沒用，或許將來某個時間點有用，就應該留存起來。我建議這樣做：

將最重要的文件，放在中間大抽屜裡，因為要經常用到，便於拿取。

那些次要或無關緊要的文件，依其使用頻率，就放在右側上、中、下三層小抽屜裡。

如果你也形成這樣的分類習慣，那麼拿到一份文件，用完之後，就會清楚知道應該將它放進哪裡：最上面的抽屜，或是最下面的抽屜，抑或是垃圾桶。

對於重要性相當的文件，還應該進一步

排序。最好的方法是按照時間置放，把最近的放在最上面，最舊的放在最下面。嚴格執行後，當有一天想要尋找某個檔案時，就可以順著時間這條主軸往下找，很容易就找到了。

如果你是公司的管理者，文件多到需要一個櫃子來存放，就有必要製作目錄卡片，像圖書館的工作人員，會把類別不同的書籍，放在不同的架子上一樣。例如，財務會計檔、行銷廣告檔、績效考核檔、客戶資料檔等，按照這樣的內容，將檔案夾存放在不同的格子裡，並貼上標籤區隔，可一目了然。

3 一項工作完成後，立即整理歸類

很多人抱怨說，辦公桌整理完後，一下子又會變得亂糟糟的，何必整理呢？就像摺被子一樣，摺得再好看，晚上還不是要攤開來蓋？其實桌子容易亂，恰恰是因為整理不及時導致的。如果經常整理，甚至每天、每一項工作完成後就立即整理，並將其內化為一種習慣，一切整理工作就會在無形中完成。

建議你每天開始工作之前，稍微收拾桌子，並拿抹布來把灰塵擦拭掉；下班的時候，把桌子上的文件和辦公用品歸位，再把椅子收進去。如果每一位員工都這麼做，整間辦公室看起來，就會十分整齊有序，大家的工作效率，也會跟著高漲。

4 簡單裝飾辦公桌

當所有物品整理好之後，可以來點小擺飾，讓辦公桌看起來與眾不同，順便帶來正能量。像是在電腦旁邊，擺上一盆小盆栽，讓綠油油的植物，釋放出清新的氣息；還可以放幾個可愛的玩偶，降低時時刻刻存在的壓力，紓緩身心；也能在電腦下面，貼上一張小紙條提醒自己，例如「今日事今日畢」「不貪多，一次只做一件事」等。

行動方案

仔細想一想，找出一個目標，不論是衣櫃、儲物箱、書桌或房間都可以，然後按照本文所提供的技巧，好好整理一番！整理完之後，感受一下乾淨、清潔、有序帶來的美好心情！

24

高效能人士：定期檢查進度緩慢的事項

高效能人士都有一個習慣，那就是經常性地反思。

——《與成功有約：高效能人士的七個習慣》（The 7 Habits of Highly Effective People）

通常來說，今天的待辦事項未完成往往有幾個原因：

- 工作時間有限，還沒輪到去做那件事，自然沒有完成。

- 已經開始做了，但時間倉促，只做了一部分就被迫中斷。
- 早就開始做了，可是進展緩慢，遲遲無法完成。

對於前兩種原因造成的情況，處理起來還比較容易，因為主要是由於時間不夠，並沒有其他問題。然而，對於第三種原因，我們就要深刻反思了，到底為什麼會進展緩慢呢？

分析一下，原因往往有下列三種：

- 工作難度高，個人能力不夠，導致進展緩慢。
- 工作不難，反倒是自己輕忽，一拖再拖，執行力差。
- 工作方法不得當，在執行中走了冤枉路，當然進度不如預期。

對照那些進展緩慢的工作，看看這三種問題，你屬於哪一種？找到問題之後，解決起來就可以相對輕鬆。如果是因為工作難度高導致進展緩慢，或因工作方法不得當，則需要積極尋求幫助。如向上司請教，麻煩同事支援，透過團隊的智慧來解決這項難題。如果是因為個人原因，像是不重視，不積極，拖延的時間太多所導致，就有必要深刻檢討自己了。

當然，僅僅是檢討遠遠不夠，還必須用實際行動來改變這種狀態。下面介紹幾種策略，幫助你從進展緩慢的工作泥沼中解脫出來。

1 追蹤浪費時間的環節

進展緩慢，就是花的時間太多，那麼，到底是哪個環節浪費時間呢？如果想提高工作效率，就必須好好思考這個問題。

你可以繼續去做這項進展緩慢的工作，並記錄各個環節的耗時。當你發現時間花太多在準備工作上、在注意力不集中時，就要想辦法縮短準備時間和集中注意力。如果有必要，貼上一張便利貼提醒自己：閉嘴，不要聊天，以此督促自己認真去執行。

2 充分發揮表格工具在執行中的作用

工作進展緩慢，反映的是一個人的時間觀念不夠，要想解決這個問題，可以充分發揮表格工具在執行中的作用。每週第一天上班要做的第一件事，就是畫兩張表格，一張是週計畫表，一張是日進度表。即把未來一週要完成的工作列入週計畫表，並透過分配設定每天的工作量，再把這個工作量列入日進度表。

做好這兩張表之後，將它放在桌子上隨時都可以看到的地方，接下來則是要按部就班執行。每天下班的時候，看看日進度表的工作是否完成。如果沒有完成，一定要強迫自己做完，哪怕一個人留下來加班也在所不惜。

3 衡量你的工作結果，而不是時間

每天下班時，要對照日進度表來衡量自己的工作成果，看看到底做了多少，而不是在意工作時間。

其實，必須依靠加班才能完成工作，這種方式是**毫無效率**可言的。真正的高效能人士，幾乎不會加班，因為他們在工作時間內，已經把每天要做的事情處理得乾乾淨淨。只有執行力差的人，才會磨磨蹭蹭到下班都還沒有完成工作，只得逼迫自己加班。

千萬別因加班而高興，相反的，應該努力在工作時間內完成待辦事項，耗時越少越好，這才是高效的工作方式。

25

愛因斯坦：整理大腦比整理其他東西都重要

如果腦子裡突然出現一個想法，為了防止這個想法轉瞬即逝，我會立即用筆把它記下來，然後對著記錄的內容進行思考。如果發現這個想法有用，就會留下來繼續思考；如果發現這個想法沒用，就會將寫下來的紙揉成團，扔進垃圾桶。

——愛因斯坦

電腦用久了，硬碟裡保存的資料太多，會影響其運行速度。有經驗的人會對電腦裡的資料進行整理分類，刪除不必要的檔案，使其釋放更多空間，保持良好的運行狀態。同樣的道理，人的大腦每天也吸收許多資訊，而且這個數量遠遠大於電腦所收納儲存的。

試問，有多少人會選擇定期清理自己的大腦呢？

其實，和整理桌子、櫃子、房間和電腦一樣，我們也應該定期整理自己的大腦。該建資料夾時就建資料夾，該歸檔的就及時歸檔，該刪除的就立即刪除，該記憶的就備份在案。這樣才能讓頭腦保持清醒和輕鬆的思維狀態，以防止不必要的繁雜資訊，干擾我們正常的工作和生活。

整理大腦，主要是整理思維和想法。

名人將自己的想法寫出來，去蕪存菁後就可以變成一本暢銷書。普通的上班族，把自己的想法寫出來，可以變成日記。整理大腦，整理記憶，其實就是整理許多一瞬間的觸動和一些深思熟慮的想法。這些想法有的有價值，有的沒價值。前者應該保留下來，繼續深入思考；後者應該及時清除，幫大腦騰出空間去思考有價值的事。

愛因斯坦曾經說過一句名言：「只有天才能支配混亂。」愛因斯坦本人就是一個天才，他的辦公桌實際上也很凌亂，但是他從來不讓自己的大腦混亂。即便是這樣的天才，也會定期整理自己的大腦。

有一天，一位記者採訪愛因斯坦，請求看一下他的實驗室。愛因斯坦起初謝絕了，表示他的實驗室沒什麼可看性。但記者堅持偉大的物理學家，其實驗室肯定有特別之處，因此充滿期待，最後得到愛因斯坦的首肯。

來到愛因斯坦的實驗室後，記者發現的確沒什麼不同。不過，有一個很大的垃圾桶引起他的注意。記者問愛因斯坦：「為什麼你的垃圾桶那麼大，裡面有那麼多揉成團的廢紙？」

愛因斯坦從口袋裡掏出一支鋼筆，對記者說：「這就是我的科學裝備。」然後指著垃圾桶說：「在日常生活中，如果腦子裡突然出現一個想法，為了防止這個想法轉瞬即逝，我會立即用筆把它記下來，然後對著記錄的內容進行思考。如果發現這個想法有用，就會留下來繼續思考；如果發現這個想法沒用，就會將寫下來的紙揉成團，扔進垃圾桶。對於我來說，只要能夠記錄，再加上垃圾桶就足夠了。」

愛因斯坦認為，透過記錄和鑑別自己的想法是否有價值，可以及時將大腦裡沒用的東西過濾掉，保留有用的資訊。所謂整理大腦，其實是為了更順利支配自己，不讓生活和工作牽著自己的鼻子走，而是做它們的主人，有效地掌控一切。

1 定期清空大腦的「回收站」

有人說「存在即合理」，存在於大腦的想法和事情都有其道理。但實際上，大腦裡很多想法和事情，並沒有什麼價值。例如，那些不切實際的幻想、陳年往事、曾經的挫折和傷痛、仇恨和抱怨等等。對於這些消極想法，讓它們在大腦裡多待一天，就會多干擾思維一天。

不知你是否有過這樣的經歷：有時候正在工作，突然腦子裡冒出一個與工作毫不相關的想法：下班時記得去買菜，買什麼菜呢？週末怎麼過呢？好像最近上映了一部電影很不錯！這樣的資訊在工作的時候出現，只有干擾的作用。在那一刻，它們是沒有價值的，應該立即清空它們。

2 用紙和筆幫大腦記事

學習愛因斯坦的記錄法，及時把大腦裡冒出來的想法寫下來。為什麼要記錄呢？我想說的是，好記性不如爛筆頭，特別是一些瞬間產生的想法，如果不立即記下來，轉眼之間就會忘記，事後即使努力回憶，也不一定能想起來。而一旦記錄下來，雖然只是一個小火苗，但卻讓你有了繼續思考的線索。

大腦是用來思考的，不是用來記錄事情的。對於記錄事情，用筆和紙遠比用大腦記憶高效得多，而且只要保存好記錄的內容，一輩子都不會遺忘。

記錄有一個好處是，事後可以去分析、思考和反思，以判斷這個想法是否有價值。如果沒有價值，就放棄掉，像愛因斯坦那樣，把記錄的紙片扔進垃圾桶。

為了能快速記錄大腦的想法，最好隨身攜帶一個便捷的記事本和一支筆。當然，現在手機的功能越來越完善，可以將隨時出現的想法記在手機備忘錄裡。

行動方案

1. 把記事本拿出來，將大腦裡或者強烈影響你的事情寫下來。
2. 具體分析這些想法或事情，有價值或應該做的留下來，沒價值或不應該做的踢出去。
3. 將留下來的想法和事情，按照重要性或難易程度排出順序，並標上序號，然後制訂一個計畫，逐一去完成。

26

奇異公司：注意打理自己的外表

無論你做什麼，保持你的外表。

——查理斯．狄更斯（Charles Dickens）

領導學形象專家喬．米查爾曾經說過：「形象如同天氣一樣，無論是好是壞，別人都能注意到，但卻沒人告訴你。」身為一名職場人士，不論是在公司裡，還是在外面代表公司接待客戶或參加商務談判，都需要小心翼翼地打理外表，讓自己的形象發揮最大的功效。

為什麼許多優秀的人才，常年在一個職位上停滯不前？為什麼有些人受客戶歡迎，只要他出面，就能談成合約，而有些人則否？是他們不夠努力，還是缺少聰明才智？或許這些都不是關鍵，而是他們沒有展示出自己的潛力，所以讓老闆覺得他們「不適合更高的職位」；或讓客戶覺得不舒服，並進一步認為他們的產品不可靠，不值得信任。要知道，一個人的外在形象，展現出來的不僅僅是外表那麼簡單，還反映出其內在素質。

人們一直相信工作效率、能力、可靠性及勤奮打拚是職位晉升的重要條件，是贏得客戶好感、同事信賴的關鍵，這當然沒有錯，但仍不夠，還必須重視自己的外表，塑造一個良好的形象。

至於，怎樣的形象才是成功的呢？答案是：展示出一個與職位相符的即可，讓人從這個形象中，看到你是有潛力、值得信賴的人。這樣老闆和上司才會相信你適合更高的職位，客戶才更容易相信你推銷的產品。

美國著名形象設計師莫利先生，從《財星》（Fortune）雜誌排名前三百名的公司裡，隨機調查了一百名執行長，詢問他們如何看待一個人的形象，在職場升遷中的作用？其中：

92%的人表示：選擇助手時，不會選擇那些不懂穿著的人。
93%的人表示：在首次面試中，如果求職者的服裝不合適會拒絕錄用。
97%的人表示：懂得並能夠展示外在魅力，會獲得更多的升遷機會。
100%的人表示：如果有關於商務穿著的培訓課程，他們會送子女去學習。
100%的人表示：企業應該有一本專門講述職業形象的書籍，以供職員們閱讀和學習。

一位英國公司的總裁則說：「一個價值幾千萬英鎊的名牌，可能被幾個在見客戶時穿著隨便、挺不直腰、叼著菸在門口踱步的員工貶值！」外在不只是個人問題，還代表公司的形象，影響公司的利益。

1 牢記職場穿著原則

「人要衣裝，佛要金裝。」如果想打理好自己的外表，塑造出良好的形象，就需要牢記職場的穿著原則，嚴格地按照這些原則來裝扮。也許你覺得自己只是一名普通的小職員，沒必要穿得「正式」、「高調」。殊不知，西方有句名言是這樣說的：「你可以先裝扮成『那個樣子』，直到你成為『那個樣子』。」如果你想成為成功人士，不妨先讓自己穿得像個成功人士。當你看起來「像個成功人士」時，人們會選擇相信你的公司也是成功的，因而願意與你打交道，謀求合作。

穿著本身是一種武器，它能反映出個性、氣質甚至內心世界。一個穿著有品味的人，必然在職場競爭中占上風。下面就介紹幾個穿著的原則：

- **乾淨整潔**：經常熨燙衣服，保持其清潔乾淨。
- **符合潮流**：不能太前衛，又不能過於保守、復古。畢竟職場不是時裝走秀，也不是古裝戲的拍攝地。
- **適合個人身分**：如果你是一般職員，就穿得像個職員——一般的西裝、皮鞋即可，加上公事包；如果你是中階管理者，可以稍微注重穿著的品質，即服飾的質地。無論怎麼穿，套裝都是最合適的。
- **揚長避短**：假設人比較矮，可以穿一雙增高皮鞋，並理一個能修飾臉型的髮型，讓兩邊的頭髮短，頭頂的頭髮蓬鬆起來，這樣看起來比較有精神，身材也修長一些。如果脖子較短，穿無領衫較好；假如腿粗，最好別穿裙子；若個子高（女性），儘量穿低跟的皮鞋，等等。

- **區分場合**：可分為公務場合、社交場合、休閒場合。談判屬於公務場合，這時應穿得莊重保守。男士可著西服，女士可穿套裝窄裙，不宜穿得太隨意、太休閒。企業聯誼會，就屬於社交場合，這時的穿著應大方得體。因為主要目的是交友，比如，以舞會友的舞會、以宴會友的宴會等，大方得體有助於大家輕鬆愉快地交流。

下一頁所附為職場人士必備的穿著和服飾，僅供參考。

2 外在的形象成為錄取的關鍵

世界上傑出的企業領導人，無一不重視員工的精神面貌。奇異公司前 CEO 傑克．威爾許在這方面特別嚴格，他要求員工「像清除園中的雜草」一樣打理自己的外在。

他時常注意員工的外貌，如果發現有低垂著肩膀、睡眼惺忪或者垂頭喪氣的樣子，會

職場男士必備的穿著服飾	
一套黑色西裝	5～8 條單色、條紋的領帶
一套藏青色西裝	皮質手提箱
一套鐵灰色西裝	兩條黑色或棕色的皮帶
2～3 套細條紋或其他顏色的西裝	兩雙黑色商務皮鞋（不用繫鞋帶）
五件白色長袖棉質襯衫	兩雙黑色商務皮鞋（需繫鞋帶）
藍色或細條紋襯衫	四季皆宜的短大衣
一只優質的手錶	一款適合自己的香水

職場女士必備的穿著服飾	
黑色或灰色的套裝	三條絲巾或圍巾
藏青色或黑色的西裝套裝	黑色高跟鞋
三套互相搭配的上衣和裙子	黑色皮帶
兩件白色或粉色的襯衫	黑色、棕色或暗紅色的皮包
配套的項鍊、手鐲	黑色、棕色、粉色的風衣或大衣
質地優美的手錶	兩款適合自己的香水

毫不客氣地指出：「這與公司的形象不符，這樣的人能做好什麼？」他還以應徵者的外表來權衡是否錄用這個人，如在招聘市場行銷人員時，他會選擇那些外型挺拔、談吐流暢的應徵者。

溫馨提醒

職場穿著禁忌：忌過分鮮豔、忌過分雜亂、忌過分短小、忌過分透明、忌過分暴露、忌過分緊身。

本章重點總覽

HIGHLIGHT

- 整理不僅僅是為了乾淨整齊，更是為了提高工作效率。
- 我從來不相信，把辦公桌弄得亂七八糟的人，是優秀的員工，能取得高效的工作成績。
- 千萬別因加班而高興，相反的，應該努力在工作時間內完成待辦事項，這才是高效的工作方式。
- 只有天才能支配混亂，整理大腦比整理其他東西都重要。
- 形象如同天氣一樣，無論是好是壞，別人都能注意到，但卻沒人告訴你。

第　六　章

講求效率

把 **80%** 的時間和精力，放在 **20%**的重要事情上。

27

柏拉圖：80／20法則

把80％的時間和精力，放在20％的重要事情上。

——義大利經濟學家柏拉圖（Vilfredo Pareto）

「把80％的時間和精力，放在20％的重要事情上」，即著名的「80／20法則」。其又稱為八二法則，是十九世紀末二十世紀初，義大利經濟學家柏拉圖提出來的。它的大意是：在任何特定群體中，最重要的因素往往只占少數（20％），而不重要的因素則占大多數（80％）。

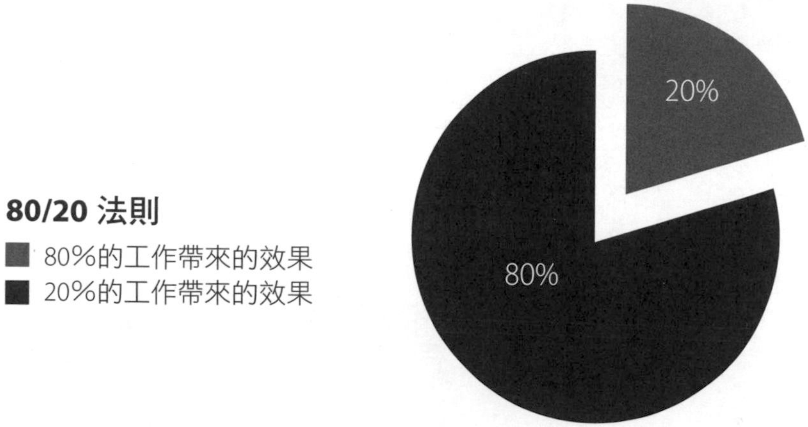

只要控制好最重要的少數因素，就可以輕鬆地掌控全局。在工作上，如果能有效地運用八二法則，將會取得意想不到的收穫。如上圖所示：20%的工作，所產生的卻是80%的效果。

佛萊德是一家諮詢企業的老闆，他靠著提供諮詢服務賺得千萬財富。然而，他並非商學院出身，也沒有過人的才華，唯一擅長的，就是分配時間和精力到不同的工作上。在佛萊德的公司裡，每一名員工一週的工作時間，幾乎都在70個小時以上，但他卻很少進公司，一般只出現在每個月的股東大會上，而且是全球股東都會參加的會議。

你一定非常好奇，他的時間和精力，都用到哪裡了呢？答案是「用來思考」，用來與公司中5個最重要的部屬打交道。透過這5個部屬，佛萊德精準掌控了整個公司的經營方向。這就是他的管理祕訣，也是他的成功之道。

依照我的經驗，要想有效地運用八二法則來管理工作，必須注意兩個重點：

1 分析你的工作，找出20%的關鍵因素

曾有客戶問麥肯錫：「我怎樣才能提高利潤？」

麥肯錫沒有直接回答，而是問對方：「你們的利潤是從哪裡來的？」

這是一個非常漂亮的答非所問，它比直接告訴對方答案更切中要害。它讓提問者意識到分析自己的利潤來源，分析自己的客戶有多麼重要。為了替提問者找到「利潤從哪裡來」，麥肯錫的團隊結合他所提供的客戶資料，進行了分類和分析，把每一個客戶與他公司進行的業務往來資訊都整理一遍，最後發現：80%的銷售額來自於20%的大客戶，另外20%的營業額，才是剩下的80%客戶所提供。

明白了這點之後，麥肯錫建議提問者，把主要精力（80%）放在維護那20%的大客戶

上，想辦法從他們那裡獲得更多的合作；而將20％的時間和精力，用來照顧80％的小客戶上。如果時間有限，甚至可以捨棄其中一些。

看到沒有？很多人不知道如何提高工作效率，癥結是不知道效率從何而來，利潤從何而來。一旦弄清楚這個問題，一切都會變得簡單起來。為此，你可以這麼做：

- 把所有的工作列出來，記錄在待辦事項清單。
- 分析工作的重要性、輕重緩急。要想順利做好此一環節，可以考慮這些工作對全部工作的影響。
- 按照工作的輕重緩急排序。
- 為各項工作分配時間，設定完成的時程。

2 集中「優勢兵力」攻擊「重點目標」

當做好第一步工作之後，剩下的就是執行問題。執行時，要堅持一個原則：集中「優勢兵力」攻擊「重點目標」，即把時間和精力，優先押在重要的工作上。為此要超前部署防干擾工作，拒絕被無關緊要的小事影響，努力減少被同事打擾的可能性。至於其他不重要的工作，可以放在後面再做，如果時間不允許，乾脆放棄，這也不會影響到整體工作績效。

作為公司老闆，你可以告訴員工：「在我某個工作時間內，不許打擾。」但身為員工，難免會被突如其來的工作打亂計畫。為了把臨時任務造成的干擾降到最低，在給重要工作分配時間時，有必要多預留一些時間，以應對突發狀況，從而維持一定的工作品質。

假設，你今天最重要的工作是制訂活動計畫，需要2小時。為了預防上司臨時交代工作，或者同事中途打擾，你可以預留15～20分鐘時間。意即分配給這項工作的時間為2小時20分鐘，以防「不速之客」。

問題思考

假設這個月員工的薪水計算方式有些變動，許多人拿著薪資單來找會計問個明白。按照習慣性思維，會計往往會一個個地向前來諮詢的同事解釋，現在了解八二法則之後，如果你是會計，會怎麼處理？

【建議】思考一下同事們可能存在的疑問，然後寫一封電子郵件，寄給每個人，或發到公司的群組，提醒大家看「公告」。

28

麥肯錫工作法：別把球打出場，一個壘一個壘推進

一次做好一件事的人，比同時涉獵多個領域的人要好得多。

——潛能開發大師博恩・崔西（Brian Tracy）

有一次，麥肯錫公司邀請了一位客戶來演講。他是一家大型電子公司的執行長，也曾經是麥肯錫的員工。他在演講中表達了這樣的觀點：「別把球打出場，一個壘一個壘推進。」演講者的意思很明顯，就是你不可能一口氣把所有的工作都做完，當它堆疊如山時，唯一能做的，就是一個接一個處理，在有限時間內，一次只做一件事。

美國紐約中央火車站的詢問處，每一天都人潮擁擠，過往匆匆的旅客，爭搶著詢問自己的問題，希望能獲得幫助。接受詢問的工作人員，所面對的壓力之大可想而知，疲於應答也許是他們唯一能做的。然而，有一位工作人員卻是個例外。他每次接受旅客的詢問時，無論對方的提問多麼混亂，他都會面帶微笑、表情淡定地耐心回答。有一次，一個矮胖的婦女匆匆跑過來問路，他傾斜著半個身子去傾聽：「是的，你想問什麼？」

正當婦人結結巴巴地敘述時，一位穿著入時、手提皮箱的男子試圖要插話。沒想到，這位工作人員卻旁若無人，繼續注視著那位婦人：「你要去哪裡？」

「春田。」婦人說。

「是俄亥俄州的春田嗎？」

「不，是麻塞諸塞州的春田。」婦人說。

他根本不用看列車時刻表，順手一指說：「那班車在10分鐘之內就要出發，於第十五號月台搭乘。你不用跑，時間還很充裕。」

「你說是十五號月台嗎？」婦人問。

「是的，太太。」

婦人轉身離開後，他再將注意力移至剛剛那位準備插話的男子身上。但是沒過多久，那名婦人又回來了，問道：「你剛才說的是十五號月台嗎？」這一次，工作人員沒有理睬她，而是集中精神，接受那位男子的詢問。直到男子滿意地離開，他才把注意力再移轉過來。

有人曾問這位工作人員：「能不能告訴我，你是如何做到保持冷靜和專注的呢？」得到的回答是：「我沒有和大眾打交道的習慣，只是單純地一對一為旅客服務。忙完了一位，再換下一位。在每一個工作日裡，我一次只服務一位旅客。」

「在每一個工作日裡，我一次只服務一位旅客。」這就是那位工作人員淡定自若的原因。看看我們身邊，有多少人在工作中，把自己搞得緊張兮兮、疲憊不堪，而且效率低下？也許工作太多是一個原因，但關鍵是沒有掌握高效工作的方法：一次只做一件事。他們總是試圖一心二用、一箭雙鵰，以為同一時間做的工作越多，效率越高，卻不知結果恰恰相反。

著名的成功學家、潛能開發大師博恩．崔西有一句名言：「一次做好一件事的人，比同時涉獵多個領域的人要好得多。」

富蘭克林就恪守了這條原則，他將自己一生的成就，歸功於「在一定時期內，不遺餘力地做一件事」。

細細分析**「一次只做一件事」**的工作法則，會發現它包含兩個重要因素：一是每個時段，都有**一個清晰的工作目標**；二是做每一項工作，都能**集中精力，保持專注**。接下來，就從這兩個方面來探討，如何「一次只做一件事」。

1 設定目標：一個時段只有一個工作目標

高效工作的最大敵人，就是目標混亂不清。可以想像成打獵時，多個獵物同時出現，你一時無法決定瞄準哪個獵物，最後很可能一隻都打不到。工作目標太多，造成的是思想上的混亂，而思想一旦混亂，行為就會變得毫無章法，還會出現遲緩，甚至「當機」。這就是很多職場人士覺得忙、特別累的一個重要原因。

從這一刻起，你要做的，就是在一個時段確定一個工作目標，並全力以赴完成。做法如下：

- 每天上班之前，把當天要做的工作列一張清單。
- 按照這些工作的輕重緩急，排列出先後次序。
- 幫每項工作預設一個工作時段，在特定時段只做這件事。
- 做完一項工作後，可以短暫休息，然後繼續下一項，如此類推，直到下班。

2 完全專注：眼中只有當前的工作

有位年輕人向昆蟲學家法布爾（Jean-Henri Fabre）請教：「我把全部的精力，都花在喜愛的事情上，但結果卻收效甚微。」

法布爾讚許道：「看來你是一位積極上進的有志青年。」

年輕人說：「是啊，我愛科學，也愛文學，還對音樂和美術充滿興趣，我的時間和精力，全都投注在這些事情上。」

法布爾從口袋裡掏出一個凸透鏡，對他說：「請你像這個凸透鏡一樣，把精力集中到一個焦點上，並且有所堅持。」

世界上所有的高效能人士，幾乎都有一把成功的鑰匙，鋼鐵大王卡內基、石油大王洛克菲勒、美國銀行家摩根等人，都曾經用這把鑰匙打開過成功之門。若你要問這把鑰匙是什麼，他們會告訴你：「專注。」他們的專注表現為一生只做一件事，這是一個漫長的堅持。

「一次只做一件事」，就是在某一時段裡，集中精力去做這件事。在這段時間裡，全心應付這件事就可以，至於其他的事情，不妨選擇暫時遺忘。哪怕後面還有一大堆工作要做，也不要去多想，只做當下這件事，直到所有工作逐一搞定為止。

問題思考

如果兩件事、三件事甚至四件事同時發生，而且都要你一個人來做，你會怎樣處理？

【提示】在大腦裡快速思考，最應該先做哪件事，簡單地排個次序，然後一件件去完成，切忌手忙腳亂。

29

日式工作法：無論做什麼都一次到位

一開始就要懷著最終目標去工作。

——日式工作法

在職場上，樹立「第一次就把工作做到位」的意識並養成習慣很重要。這表現出來的不僅是一種工作態度，更是一種工作能力。這種態度和能力關係到執行的效率和品質，關係到你在上司心目中的形象，和未來升遷的可能。

當你第一次沒有把工作做到位，影響的不僅是工作效率和老闆對自己的態度，還會直接損害公司的利益、聲譽。因為我們每一個人，都是公司的一員，是其高效運轉不可或缺的環節，就像木桶上的短板，如果無法有效活用，肯定會影響整個木桶的盛水量。而且每位員工一走出去，都是代表公司。如果自己工作未到位，絕對有損公司形象。

李哲是一家廣告公司的設計人員。有一次，他在為客戶設計廣告宣傳單時，不小心搞錯了聯繫電話中的一個號碼。設計排版打樣之後，他也沒有檢查，就急急忙忙送印。當他們把印好的宣傳單交給客戶時，對方同樣沒有檢查，當然無法發現錯誤。

第二天，在客戶的產品發表會上，這些廣告宣傳單被發放出去，且收到很好的效果。可是發表會結束後，客戶卻沒接到任何一個顧客來電。他們感到不對勁，一看廣告宣傳單，發現上面的電話號碼寫錯了。

客戶非常生氣，要求李哲的廣告公司賠償巨額損失。這份損失不僅是印製一萬份宣傳單所花的費用，還有企業形象和未來收益。由於李哲的廣告公司確實有錯，再加上客戶籌辦產品發表會也花了不少錢，結果就是廣告公司按照要求認賠。

然而，事情並未就此結束。很快地，這件事就傳遍業界，致使廣告公司的形象和聲譽嚴重受到打擊。從那以後，生意越來越少，以前和自己合作過的老客戶都紛紛離去，因為他們也怕這種事情發生在自己身上。

有些事情是無法亡羊補牢的，一旦無法一次到位，就可能永遠失去機會。比如，失去客戶的信任，或失去到手的生意。

1 搞懂上司的意思再去做

當你走進一片叢林，開始清除矮灌木。費盡千辛萬苦，好不容易整理完一片灌木林，直起腰來準備喘口氣時，猛然發現：面前這片灌木林不是目標，要清理的地方在另一邊。

在職場中，有多少人在工作時會出現類似的錯誤。接到任務就去做，但做著做著發現不對勁，再一思考，才發覺自己誤解上司的意思，執行偏離了方向。

要想避免這樣的低級失誤，避免第一次就把工作搞砸了，你要做的，就是在接到工作指令時，搞清楚到底要做什麼，若不明白，可以請教上司。切不可自以為是，馬上行動。

2 一開始就要懷著最終目標去工作

從事任何工作，如果沒有目標，就不可能有確實的行動，更不可能有滿意的結果。高效能人士的最大特點，就是做事之前，會想清楚自己要達到怎樣的目標，然後針對這個目標，做精心的安排和周到的布局，保證其順利達成。絕對不是想一步做一步，做到哪算到哪，做得差不多就行了。

孫先生的好朋友從日本回來，計畫開一家日式料理餐廳，請他幫忙選店址。他們跑遍了整個城市，看了很多房子，最後從中挑出十個較為滿意的地點，並把它們的位置、環境、格局、價位等列成清單，進行反覆對比，最終選定其中三個。孫先生以為隨便從這三個中選一個就可以，沒想到朋友還要繼續比較。為此他製作一個更加詳細的資料表，委託一家諮詢公司做市場調查，根據調查的結果，最後確定店址。

接下來要開始裝修。朋友找到裝潢公司後，對它的負責人詳細描述自己的想法，對方也很有耐心地傾聽，包括孫先生。但孫先生到後來開始不耐煩了，因為朋友講得太詳細了，不僅店內所有的空間設計都一一說明，還有廚房、廁所等每個角落皆詳細敘述。這讓孫先生覺得朋友突然很陌生，心想：他什麼時候變得如此囉嗦多話？

終於，店面裝潢完工了。進到裡面，給人的第一感覺是舒服，第二感覺、第三感覺還是舒服。因為所有該考慮的問題，朋友都面面俱到。但他還是不放心，要求孫先生提出意見，看什麼地方做得不到位。孫先生終於忍不住了，催促說：「你怎麼這麼婆婆媽媽的？趕緊開業吧！早營業一天，就早賺一天的錢。」

朋友說：「不急，開業還要等一週，從明天開始，你幫我做件事，就是帶你的親朋好友來我店裡消費，全部免費，但有一條，每吃一次，至少讓他們提一個意見。」

孫先生感到莫名其妙：「這究竟是為什麼啊？你是不是腦子燒壞了？」

朋友耐心地解釋道：「在開業之前，我必須把所有可能讓顧客不滿意的地方都剔除掉。因為在日本，一旦開業後顧客有不滿意的地方，就不會再回頭，之後想讓他回心轉意，就很難很難了。必須第一次就把這些工作做好。」

第一次就把工作做到位，才有機會贏得競爭的勝利，否則，事後補救也許就晚了。這就是高效能人士的偏執，但他們慢中有細，慢中有全（周全），他們的慢是有效的慢，是智慧的慢。一旦熬過最初的慢，後面的工作就會進入快速道路，而且是非常安全的高速行駛。

職場箴言

知道不等於做到，做了不等於做好，做了是0分，做好才是100分。

——華為的狼性理念

30

便利貼工作法：一張紙歸納所有工作

簡單再簡單的方法就是削減功能。
——《簡單的法則》（Simplicity）作者前田約翰（John Maeda）

在辦公室裡朝九晚五的上班族中，有不少人經常忘記自己的工作計畫和工作重點，總是做著手邊的事情，想著接下來要做的事情，但又被突然冒出來的事情打斷正做著的事情。然後，幾項工作混在一起，顧此失彼，左支右絀。到了下午，甚至記不起還有什麼工作未完成。等到主管催促時，才突然一拍腦袋想起來。

為什麼這麼健忘呢？是真的太忙碌，還是工作太多、太雜、太混亂？你是不是該想辦法改變這種狀況，讓自己的工作提高效率呢？很多人都是這麼想的，但苦於不知從何著手。其實，改變的方法很簡單，一張張小小的便利貼，就能帶你衝出混亂的漩渦。

便利貼是很多上班族桌上的必備文具，但他們未必會去使用。只在接電話後，需要記錄號碼、地址時，才會想到撕一張寫寫記記。便利貼的作用僅限於此嗎？當然不是，它還可以成為排列工作次序、提醒下一步該做什麼的好幫手。

下頁是我所熟識的業務經理小吳的工作便利貼。

看看這些便利貼中的待辦事項，是不是感覺一目了然呢？

它的作用其實很簡單——提醒、提示，同時更有次序安排工作。小吳表示，便利貼可以發揮提醒自己注意工作細節的功能。比如，客戶打電話來詢問產品報價，而你一時間無法確定，便會說「等我詢問後再回覆你」。放下電話之後，就把這事忘了，什麼時候想起來，就什麼時候再回覆。但到那時，客戶也許早已失去耐心了。

小吳說自己每當接到類似的電話，無法馬上回答時，便會先給客戶一個大致的回覆時

5月4日：
下午3點回電給客戶，確定產品價格！

5月4日：
下午4點提交專案報告！切記！

5月5日：
早上10點，向財務遞交活動經費申報表！

5月6日：
未收到客戶款項，下午2點～4點，催促客戶在兩天之內匯款。

5月7日：
昨天參加某同行的產品發表會，拿到幾張潛在客戶的名片，下午3點之後安排電話回訪。

5月8日：
老闆來了，就將專案計畫書交給他。

間，然後將該待辦事項記在便利貼上，再貼在電腦旁邊的隔板上。就像便利貼裡所記載，到了相應的時間，立即回覆客戶。這種說到做到的表現，往往會令客戶滿意，很多時候客戶就因為他的準時，而選擇與他簽約。

事實上，小小便利貼的用處遠不止於此，它還可以幫你樹立好合作的形象。如同事找你幫忙，你立即拿出便利貼記錄下來，然後貼在隔板上，這就表明已經把他的交代列入待辦事項中，他會十分感激你的細心和重視。

另外，還能幫你打造能幹的形象。當老闆或上司，看見你把待辦事項都記下來貼在隔板上時，自然會對你感到放心，因為他們知道你每天上班都在腳踏實地工作。

同樣的，它還能發揮委婉拒絕的作用。當喜歡閒聊的同事找你時，你可以指一指排滿日程的便利貼，自然擋掉無謂的哈啦扯淡；有同事找你幫忙私事時，你也可以指一指便利貼，讓他知道你現在很忙，無法抽出時間，這樣他就會主動收回不情之請。

在運用便利貼工作法時，需要注意什麼呢？下面幾點值得參考：

1 一張便利貼只寫一件事情

便利貼就那麼一點大，容不下太多的文字。精簡是要領。否則，乾脆把待辦事項寫在記事本上就得了，何必用便利貼呢？

2 寫在便利貼上的字要大一點

便利貼上的字要多大才合適呢？其實沒有標準，一般來說，要保證你坐在電腦前面，不用特別留意就能看清楚。為了讓自己注意到它，可以選擇用彩色筆來寫，偶爾畫一些小圖形，便於提醒。

3 用不同顏色的便利貼分類

便利貼有各種不同的顏色，可以根據各項待辦事件的輕重緩急，選擇慣用的顏色加以標記。如粉紅色的便利貼記錄最重要的工作，綠色的記錄次要的工作。這樣一眼望去，就知道哪些工作該最先處理。

4 寫好便利貼後，立即貼起來

為什麼要貼起來呢？理由很簡單，因為它是一張小紙片，如果隨意放在桌面上，一不小心就可能淹沒在一堆文件裡，而失去它提醒的作用。因此，最好將寫完的便利貼，貼在隔開辦公桌的擋板上，且要整齊有序，這樣一看就很清楚明瞭。

5 工作處理完要立即撕下相應的便利貼

當完成一張便利貼上的工作後，記得將其撕下，這時，會有一種成就感和輕鬆感。因為能直觀地看到工作少了一件，離完成所有任務更進一步。

行動方案

趕緊去買幾本便利貼，明天就開始使用便利貼工作法。

31

送信人：掌握彙報的技巧

哈伯德中尉，別只把問題帶給我，我要的是解決方案。

——《把信送給加西亞》（A Message to Garcia）

在工作中，主管交辦一件事，你是否有及時彙報的習慣？是不是要等到他問你進度如何，你才告訴他？如果每個員工的工作情況都要主管來問，那麼他不用做別的，只要逐個問過去，一天的時間就沒了。

一個專業稱職的上班族，應該養成主動彙報的習慣，並掌握正確的彙報技巧，否則，就無法在職場得到信任。

主動向上司彙報有兩個目的：一是讓他放心。因為上司把工作交給你，並不知道你做了沒有，建議待進展到一個階段，就向他報告目前的進度，讓他掌握實際情況並且安心；二是萬一有問題，可以及時修正。

有時候你在執行工作時，可能做得與上司期待的不一樣，或誤解了他的意思，透過積極彙報，可以迅速改正錯誤，保證執行的效果。

身為一名員工，你有多少次主動向上司彙報工作進度？可以說，很多人在這件事情上做得遠遠不夠，正如一句管理名言所言：「下屬對我們的報告，永遠少於我們的期望。」上司都希望下屬向自己彙報更多的情況。如果你能早一天養成這個習慣，一定能更容易得到主管的賞識。

有時候，你不僅要主動向上司彙報，還有必要向客戶彙報，因為這能表現出你積極負責的工作態度，會讓你贏得客戶的好感，繼而讓公司得到客戶的信任。

有個客戶打電話來找公司的李總，但他人不在，接電話的祕書小趙告訴客戶：「對不起，李總不在辦公室，您如果方便，請留下電話，等他回來我請他馬上回電。」於是對方留下了電話。

不巧的是，那天李總沒進辦公室，到了快下班時，小趙回電給客戶：「不好意思，李總到現在都還沒有回來，而我們快下班了，如果您有急事，我會儘快想辦法連絡上他，請他晚上回電話；如果事情不是很緊急，我會等到明天上班時再轉告，不知是否可行？」

客戶說：「我找李總有急事，無論如何你都要幫我找到他，請他打個電話給我。」

那天晚上小趙花了一些時間找到李總，而他也在7點左右回電話給客戶。

後來，客戶不但對小趙讚譽有加，也連帶使得李總和公司，都獲得客戶高度的評價和信賴。

僅僅是一次小小的彙報，就能給客戶留下很好的印象。這是因為彙報表達的是一種重視，是一種在乎，會讓對方感到自己很重要。作為一名員工，不僅要有很強的執行力，還應該養成積極彙報的習慣，做一個讓上司放心的下屬。

一般來說，需要向上司彙報以下的情況：

1 擬定新工作計畫之後

當你接到上司安排的工作後，要及時擬定計畫，向其彙報，讓他了解你的計畫內容，或是讓他提出合理化的建議或意見。上司可以從大局出發，審時度勢，指出你計畫的問題所在，並確保計畫的有效性，保證工作順利完成。

2 工作進行到一定程度時

當一項工作進行到一定程度時，主動向上司彙報情況，便於其了解工作進展、所遇到的難題或所取得的成果，這樣他才會心中有數，方便及時給予指導和幫助。

如果非要等到工作結束時才彙報，假使進展順利、執行到位還好，萬一出現偏差，藉時想採取補救措施都來不及。建議一定要在工作進行期間，分階段地彙報情況。

3 需要做出越權決定時

這一點非常重要，作為下屬，凡是要做超出自己許可範圍的決定時，都應該請示上司。一方面是尊重，另一方面是避免承擔不必要的責任。

有些人會揣測上司的意圖，覺得應該沒有問題，或根據以往經驗直覺沒事，於是私自越權決定，這樣可能會讓自己陷入麻煩之中。例如，有關財務、人事的事，千萬不要擅自作主，而要向上司請示，請其定奪。

4 工作出現不良狀況時

「報喜不報憂」是大部分人的通病，特別是當「憂」乃自己造成時，更會有意識地藏匿，生怕上司知道。他們認為自己可以擺平，沒必要上傳。但事實上，如果真的能擺平那是好事，假使事與願違，導致問題惡化，那後果就嚴重了。

遇到不良狀況時，上司或許更有處理的經驗。因此，千萬別隱瞞，應該及時彙報給上司，在他的指導下化險為夷，以免問題嚴重化。這種坦誠彙報、積極承擔的勇氣，反而容易贏得上司的賞識。

5 在一個工作項目完成之後

當一項工作結束之後，千萬別默不作聲，而應該要把這項工作的整體情況，彙報給上司，讓他檢視一下，是否還有問題存在，是否仍有需要改進的地方，以及如何改進，或是另有工作交代等。

職場心得

1.彙報一定要有重點

很多人在向上司彙報工作時，總擔心蒐集的資訊不夠多，害怕他萬一問起來，自己答不上來。於是，開口後總是滔滔不絕，面面俱到，毫無重點，讓上司聽完一頭霧水，耽誤時間不說，還顯得極不專業。

其實，完全不必擔心彙報資料太少，會讓上司不滿意。因為彙報主要是讓他快速了解情況，所以內容一定要精簡、切中要害，只有點出關鍵，才有助於他通盤掌握。

2.帶著解決方案去彙報

《把信送給加西亞》一書的作者阿爾伯特．哈伯德（Elbert Hubbard），曾談到過自己服役時的一段經歷：

當時哈伯德只有24歲，在駐巴拿馬共和國美國南方司令部司令約翰．高爾文將軍手下當助理。有一次，高爾文將軍派他去完成一項任務。幾天後，他抱著一大堆問題回來，把與工作相關的問題問了一遍。高爾文將軍沒等他說完，就厲聲吼道：「如果你想讓我替你工作，我要你幹什麼？你被撤職了，解散！」

就在哈伯德不知所措時，高爾文對他說：「哈伯德中尉，別只把問題帶給我，我要的是解決方案。」這時他才如夢初醒。

高爾文將軍的話，對職場人士也是一次深刻的教育：別只帶著問題彙報，你應該有自己的想法，有自己的方案。哪怕這個方案不切實際，對解決問題無益，但至少表明你思考過，這是每個人都應該要有的工作態度。

向上司彙報工作，尤其是報告工作中的問題時，最好有三種解決方案：最可行的方案＋最大膽的方案＋最可能失敗的方案，而且要對每個方案進行利弊分析。這樣在彙報時，就可以徵求上司的意見，也能讓他看到你的努力。

32

陶行知：人力勝天工，只在每事問

發明千千萬，起點是一問。禽獸不如人，過在不會問。智者問得巧，愚者問得笨。人力勝天工，只在每事問。

——知名教育家陶行知

當上司或同事委派給你一項工作，你發現其中一種不太正常的現象時，或出現不良的狀況時，是否有提問的習慣呢？其實提問可以了解別人的想法，理解別人的意圖，還可以獲得更多的客觀資訊，更能促使你去積極思考，尋找解決問題的答案。

舉個簡單的例子，如果上司請你去買一本筆記本，你應該馬上問：「要買純白的那種，還是有橫格的？」

如果上司說：「隨便，兩種筆記本都可以。」

你可以繼續問：「要買多厚的筆記本？100頁或50頁左右的？」

上司可能說：「買個100頁以上的吧，厚一點的比較好。」

你還能繼續問：「是要硬精裝的，還是軟精裝的？」

上司可能說：「軟精裝的吧！」

當把該問的問題都問了，了解對方的想法後再去做，則對方就沒辦法挑你的毛病。

身為職場人士，愛提問是一種優秀的習慣。只要提問不是無厘頭，就不會讓人覺得莫名其妙；只要提問與具體工作有關，就會給你帶來幫助。有些問題看似很傻、很笨，讓人不好意思提出來，於是想當然耳便去揣測別人的意圖，這樣就容易造成誤解，連帶影響執行。

有一次，美國知名主持人林克萊特訪問一名小朋友，問他長大後想當什麼？小朋友天真地說：「我想當飛機駕駛員！」林克萊特又問：「如果有一天，你的飛機飛到太平洋上空，所有引擎都熄火了，你該怎麼辦？」小朋友稍微思考了一下，說：「我會先讓乘客們繫好安全帶，然後自己掛上降落傘跳出去。」

現場觀眾聽到這裡，一個個都笑得東倒西歪。再看看小男孩，他已經哭得稀裡嘩啦。林克萊特注視著孩子，耐心地問他：「為什麼你要先跳出去呢？」小朋友回答說：「我要去拿燃料，然後回來，我還要回來。」

「為什麼你要先跳出去呢？」也許很多人覺得問這個問題太傻了：這不擺明小男孩想逃跑嗎？此即現場觀眾捧腹大笑的原因，他們自以為理解小男孩的話，揣測出他的意圖，但事實上小男孩並非這麼想，林克萊特的提問揭示了他的真實想法。

同樣，在工作中類似的情況也常發生。「我以為……」這是很多人在誤解他人意思之後的解釋。問題是，你以為「你以為的」就是對的嗎？很多時候，你以為的並非對的。為了避免理解錯誤，或被假象迷惑，最好的辦法就是多問，哪怕你的提問聽起來很傻、很笨。

在一次管理會議上，大家都在討論是否該解雇某位員工，只有一位主管問了一句：「在這名員工表現不理想期間，有人指出他的問題嗎？有人提醒過他改進嗎？」大家都說：

「沒有。」

後來，那名員工的上司和他談話，點出他工作中的不足，明確規定他每個月的工作量，並告訴他如果不能完成，會有怎樣的後果。結果，這名員工表現得非常出色。就這樣，一個員工辭退事件就被避免了。

其實，世界上並不存在真正的笨問題，有些問題即便聽起來很愚蠢，那可能是因為之前從來沒有人這樣問過。如果你去問了，並且讓事情因為這個問題而向好的方向發展，那麼你就很容易贏得上司的賞識，得到同事的信賴。

1 先提出有效的問題，不急著找解決方案

很多時候，要想有效解決問題，首先要提出有效的問題，因為問題是索引，是指導你找到答案的良師益友。古今中外，任何科學探索活動開始之前，參與者都會提出一系列的問題，並根據問題想好方法，再去行動。同樣的，在工作中，我們也應該堅持這個原則。

詹森維利食品公司的老闆，經常抱怨公司的產品利潤太低，左思右想提高利潤的辦法，但沒有什麼成效。這天，祕書伊萊恩問他：「為什麼我們不對顧客直銷我們的產品呢？」

「什麼意思？」老闆問她。

「就是不透過經銷商，直接開專賣店銷售我們的產品。」伊萊恩說。

老闆說：「你的提問很有意義，我需要認真考慮一下。」不久後，伊萊恩成為公司第一家專賣店的店長，負責一家價值數百萬美元的食品店之銷售和管理工作。

有時候，看似簡單的提問，就可以讓困擾已久的問題迎刃而解。因為有了問題，就容易找到答案，最怕的是提不出建設性的問題，卻一直在想解決問題的方法，就像不知道目標卻在努力奔跑一樣，一切都是徒勞。

2 對於每個問題，提出數種可能的解決方案

在企業團隊中，我們應該積極地提問，並針對問題思考解決的方法，彼此交換意見，這樣可以逐漸對問題的本身，整理出一套清晰的思路，有助於找到解決問題的策略。

某諮詢公司曾為一家企業提供諮詢，以幫助他們解決員工停車位不足的問題。該企業的員工們，希望公司出資興建一座新的停車場，這意味著幾十萬美元的投入，對老闆來說是一項大投資。而管理階層以資金不足為藉口，遲遲不願行動，卻又找不出好的解決辦法。

後來，這個諮詢團隊提出一個再普通不過的問題：有其他辦法來解決停車問題嗎？順著這個問題，諮詢公司找到了解決方案。

- 如果工作允許，可以讓員工在家遠端辦公。
- 採取限號措施，讓公司有車一族分為兩組，一組今天開車上班，另一組明天開車上班，兩邊輪流。
- 員工儘量共乘，公司補貼相應的油費。
- 開辦公司交通車。
- 鼓勵遠距離停車。

就這樣，停車難的問題被輕鬆解決了。事實上，解決停車難的問題並不難，只要轉換一個想法，提出一個問題，找到思考的方向，解決的方案自然就會揭曉。

在工作中，你不妨積極地提問，並針對提問找出幾種可能性的方案，努力為解決公司的問題獻計謀策。

33 三聯商社：保持主動參與的熱情

任何老闆都想要找到，一個能自動承擔起責任和自願去幫助別人的人，即使沒有任何人告訴過她，要對某件事負責或者一定要去幫助別人。

——三聯商社莫什．梅羅拉

某公司有位員工，極為聰明，反應也快，但有好創意就是不向上司提出。開會的時候，從不主動發言，可是當會議結束後，私下和同事閒聊時，卻對會議的內容品頭論足，發想不斷。一位同事曾和他說：「你這麼有想法，創意十足，開會時為什麼不說呢？」他回答：

「關我什麼事？我何必替別人操心。」

公司的每一項成就，都是大家創造的，團隊中哪有與自己無關的事情呢？

其實，絕大多數的老闆都是明察秋毫的，員工的工作態度如何，工作能力怎麼樣，他們心裡都有數。相比有才華卻不努力貢獻的人，老闆更喜歡能力平平，但工作態度積極，永遠保持主動參與熱情的員工。

在職場中，千萬不要把付出與收穫算得太清楚。如果你覺得領多少薪水，就應該做多少事情，那麼你永遠只能領那些死薪水。如果能放棄「事不關己，高高掛起」的想法，每天多主動承擔一些不屬於自己的責任、初衷也不是為了報酬的事情，最終的回報一定會比想像得多，而這才是高情商與真聰明。

米莉．羅德里格斯是美國思捷（Esprit）公司的一名員工，她曾主動地提出一個想法：從海外貨物儲備到預付款的運輸專案，在所有的服務和市場行銷方面，都應該使用後勤學原理。當老闆肯定她的想法之後，她開始主動落實這個方法。雖然這直接增加了她的工作壓力，但她還是堅持去執行。結果，她在老闆心目中的地位馬上提升。不久後，就晉升為舊金山分公司的運輸主管。

在職場中，有能力做好工作是遠遠不夠的，除了做好之外，還應該有做得更好的意願，並積極自動自發地去做。自動自發是一種特別的行動力，也就是不用別人去催，都能保持主動去做的熱情，這種熱情會使你的職場之路越走越寬。

正如美國塞文事務機器公司的前董事長保羅．查來普所說：「不管那是不是你的責任，只要它關乎公司利益，就應該毫不遲疑地加以維護。若你還想得到晉升，那麼公司中任何一件事，都應該是你的責任。

若想讓老闆相信你是可造之才，最快速有效的方法，就是尋找並抓牢促進公司利益的機會，即使是那些原本與你無關的責任，你也要這麼做。」

1 大膽建言，創造影響力

相信每個上班族都開過「漫無邊際」「氣氛沉悶」的會議，會議上只有主管在發言，其他人都悶不吭聲。即使有些人想說話，也因為這樣或那樣的顧慮而不開口。某些人還會在心裡抱怨：「這個會議跟我有什麼關係？為什麼我要坐在這裡？真是浪費時間，還是趕緊散了吧！」大家就像坐在教室裡聽課的學生，只想把時間混完後下課。

彭明十分討厭參加會議不發言的人，她很想帶動大家積極提出建言。一次開會時，她發現會議主題似曾相識，便說：「這個問題我們之前好像討論過是不是？那麼現在應該進行表決，然後進入下一項議程。」此話一出口，馬上贏得眾人的響應，接著，彭明繼續說：「希望大家積極發言，發現問題就提出來，這樣會議氣氛才能熱烈，才能提高會議效率。」這項舉動贏得老闆的讚賞，當場表揚她並籲請其他同仁多多學習。

如果你有參加會議，請做一個積極建言者，有什麼想法、建議，就大膽地說出來，而不要坐在那裡等待別人來了解你的想法。畢竟大家都是企業的一份子，應該樹立強烈的個人意識，自告奮勇發言，而不是像賓客一樣等主人來請你。

2 自願承擔難度較高的工作

身為企業員工，應該主動分擔擺在自己眼前的工作、專案或額外的任務。

當團隊出現某些問題時，更應主動伸出援手，盡己所能，尋找解決的辦法。這是一個不可多得、增長見識、提升工作能力的機會。

比如，當客戶經常提出刁鑽的要求，這時大可不必搬出公司的相關規定一口回絕，並認為這是自己沒有權利決定的事情，而應該積極與客戶溝通，真心實意地為他排憂解難。如果能仔細聆聽客戶的心聲，了解他的想法，深入分析其情況，並提出穩妥的解決方案，那麼，就可以為公司長久地留住客戶。更重要的是，客戶也會因為你熱情服務、真心為他著想，而對你產生好印象，從而自發地宣傳你們公司。

3 當老闆不在時同樣賣力

很多職場人士認為，工作就是替老闆賺錢。老闆在的時候，他們裝模作樣，表現得中規中矩；老闆不在時，就開始找漏洞鑽，能少做一點是一點。這在那些不按業績計算薪酬的部門和員工身上尤為明顯。這種工作態度是極不可取的，聰明的員工絕不會這麼做。

莎倫．萊希曾經是美國三聯公司的經理特助，她的職責是系統性地協助經理開展日常工作。在這段期間，莎倫充滿了主動參與的熱情，尤其是在經理不在的時候，她會積極地擔負起公司內部管理的重任。按理說，這並非她的本職，但是她做得非常認真，就好像在做自己的工作一樣盡職盡責。

三聯公司的老闆莫什．梅羅拉十分賞識莎倫．萊希，他說：「任何老闆都想要找到，一個能自動承擔起責任和自願去幫助別人的人，即使沒有任何人告訴過她，要對某件事負責或者一定要去幫助別人。」由於莎倫表現出眾，不斷被公司提拔，最後做到了副總裁的位置。

不要認為多做一些會吃虧，而要記住：付出與收穫是成正比的，今天的額外付出，會在未來得到加倍回饋。

職場箴言

人生是一個永不停息的工廠，那裡沒有懶人的位置。工作吧！創造吧！

——法國作家羅曼．羅蘭（Romain Rolland）

34

日本大師：傳達「空雨傘」的邏輯

空＝環境，就是不會改變的事實。

雨＝我們對「空」所做出的觀察，也就是環境的狀況，或可能面臨的變化。

傘＝因「雨」而做出的決策，也就是解決「雨」的方法，事件最後的結果。

——「空雨傘」的邏輯

什麼是傳達空雨傘的邏輯呢？指的是看著天空，估計天氣狀況，然後決定出門是否帶傘。雖然這是一件生活小事，但卻揭示了一個解決問題的規律：

- 發現問題，確認問題出現的根本原因。
- 深度挖掘問題，找出解決的策略。
- 處理問題，落實行動。

這是解決問題的常見方式，或者說是解決問題的流程。在我們的生活中、企業經營中以及文案策畫中，經常被人們運用。以文案策畫為例，主筆者在策畫之前，肯定要思考：

- 發現消費者的「痛點」——需求點，了解消費者對自己的產品有怎樣的心理需求。
- 深度挖掘產品自身的優勢，確定文案策畫的主題、立意以及想要達到的宣傳目標。
- 動手策畫宣傳文案，製作廣告頁面或影視動畫，宣傳自己的產品。

全球最大的居家用品零售集團——瑞典宜家家居（IKEA），在發展的過程中，就堅持傳達空雨傘的邏輯。面對今日電商的強大衝擊，IKEA毫不畏懼，因為他們發現了消費者的需求點——消費體驗。

其次，它們的產品是自有品牌，從原料到銷售終端一體掌控，大大降低了生產成本，這使得它們在價格優勢上不輸電商。相比之下，大部分的家具零售企業，特別是以代銷商品為主的大賣場，由於缺乏自有品牌，使得經營成本居高不下，因此在面對電商的衝擊時，毫無抵抗之力。

IKEA每年大概會推出三千多款新產品，消費者每次在逛它的賣場時，都會有新的發現。

在高度體驗之下，「衝動性購買」占了其營業額相當大的比例。譬如，IKEA透過調查發現，國人早晨起床之後比較匆忙，到出門前，93%的人平均耗費一個小時之內。針對此一生活習慣，IKEA推出一款新式衣櫃：外側可以直接掛衣架。消費者在前一天晚上，將第二天要穿的衣服掛出來，起床後順手拿起來就穿，以節省早上的時間。

很多消費者在IKEA體驗了它的便利性後，紛紛購買回家。儘管這其中有不少人，是衝動之下才買的，但這也足夠說明，IKEA在行銷策略上的成功。那就是充分運用空雨傘的邏輯，深入研究客戶的需求，透過發現問題、分析問題、解決問題這樣的思考流程，最終達到行銷的目的。

對於想更進一步了解傳達空雨傘邏輯的人來說，「高杉法」無疑是最好的注釋。高杉法認為，所謂問題，本質上就是一個人所期望的狀況，與現實之間存在的距離。對於這種距離，高杉法將其分為三種不良狀態。如下頁圖示。

接著以文案策畫為例，介紹針對各種不同類型的問題，如何具體分析其解決方法，並透過圖表展現出來：

1 恢復原狀型問題

當前的不良狀態非常明顯，與之對應的解決策略就是恢復原狀，把問題還原到原來的狀態，以解決問題。例如，將損壞的家具修理好、治好感冒等，都屬於恢復原狀型的問題。

針對恢復原狀型問題，解決的關鍵是掌握狀況：弄清楚到底是怎麼損壞的。例如，在文案策畫中要思考：為什麼自己的產品知名度不高、不受歡迎、一路滯銷？

- **應急處理措施為何：**如何防止狀況惡化。例如，在文案策畫中要思考：該採取何種相應手法，防止銷量持續走低？

- **根本措施為何：**知道損壞的原因後，該如何才能復原。例如，在文案策畫中，知道產品銷量上不去的原因之後，要思考：用什麼辦法才能讓銷量回去？
- **防止復發的措施為何：**應該怎麼做，以後才不會出現損壞。例如，在文案策畫中要思考：怎樣做產品的銷量才不會出現下跌？

2 預防隱患型問題

看到天空快下雨了，為了不被雨淋濕，你決定帶雨傘出門，這是預防策略。你怕萬一被雨淋濕了，沒有衣服換，於是，出門時多帶了一套替換衣物，這是發生時的應對措施。

恢復原狀型問題	當前的問題已經比較明顯，只要恢復原狀，就可以把問題解決！
預防隱患型問題	當前的問題不大，但是未來可能會出現問題，因此，要想辦法避免問題在未來的某天發生。
追求理想型問題	想辦法突破當前的狀態，讓事物向更完美的狀態發展。

由於很難萬無一失地預防不良狀態發生（下雨不被淋濕），出遠門時，帶一套替換衣物是很有必要的。

解決預防隱患型問題時，關鍵就在於分析誘因和找出預防策略。

- **假設不良狀態：**不希望事物以什麼方式損壞。例如，在文案策畫中，你不希望自己的產品知名度、好感度下降。
- **誘因分析：**哪些原因可能導致事物損壞？例如，在文案策畫中要分析：哪些因素會導致產品知名度、好感度下降？
- **預防策略：**怎樣才能防止不良狀態發生？例如，在文案策畫中要思考：怎樣做才能確保產

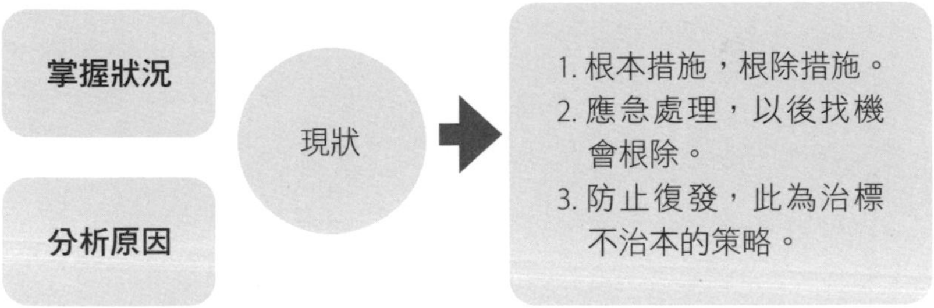
掌握狀況
分析原因
現狀
1. 根本措施，根除措施。
2. 應急處理，以後找機會根除。
3. 防止復發，此為治標不治本的策略。

圖註：針對問題的現狀，分析原因、找出解決措施，如果可以，應該採取根除措施，從根本上解決問題。但在某些緊急情況下，要先採取應急措施，防止狀況繼續惡化，為下一步根除問題爭取時間。

品的知名度和好感度？

- **如果不良狀態發生，應對策略為何：**怎樣才能儘量將不良狀態導致的損害，控制在最低？例如，在文案策畫中要思考：怎樣才能讓產品知名度不夠、好感度不高的損害降到最低？

值得注意的是，不能把預防策略和發生時的策略混為一談。

3 追求理想型問題

所謂追求理想，指的是某事物未來不會發展成不良狀態，但我們仍然希望改善現狀，讓它變成期望值。例如，現在沒有生病，但你希望自己更健康。現在公司的產品銷量可觀，但你希望更上層樓。

解決追求理想型問題時，關鍵在於選定理想和思

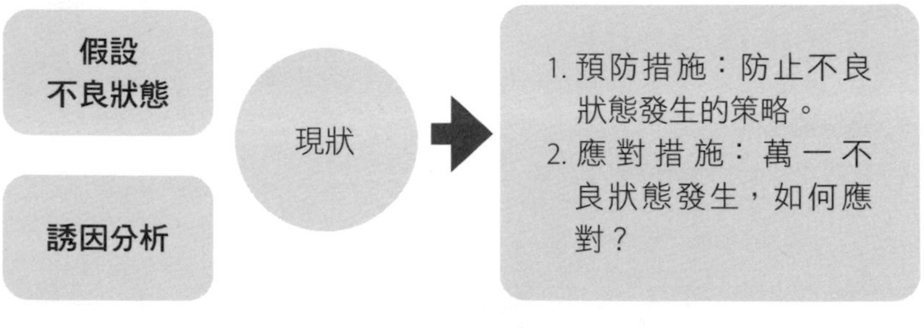

假設
不良狀態
誘因分析
現狀
1. 預防措施：防止不良狀態發生的策略。
2. 應對措施：萬一不良狀態發生，如何應對？

考實施策略。

● **選定理想目標**：根據自己的實力，設定目標。放在文案策畫中，就是：根據公司和產品的實力，設定行銷目標。

● **思考實施策略**：細分目標，設定期限，分步驟進行。放在文案策畫中，就是根據公司和產品所處的不同階段，設置階段性的行銷目標，並制訂計畫去執行。

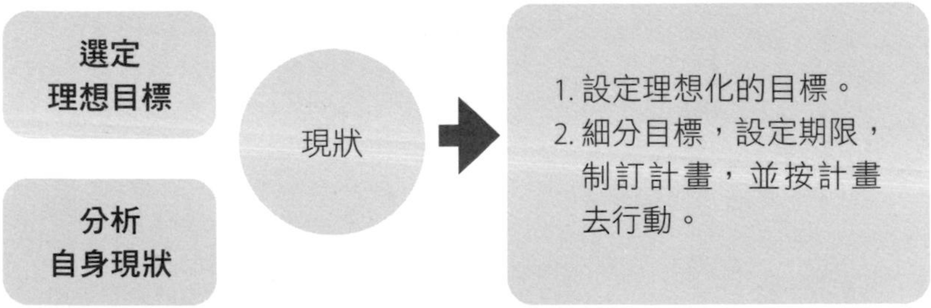
選定
理想目標
分析
自身現狀
現狀
1. 設定理想化的目標。
2. 細分目標，設定期限，
制訂計畫，並按計畫
去行動。

35

彼得．杜拉克：永遠做正確的事

效率是「以正確的方式做事」，而效能則是「做正確的事」。

——彼得．杜拉克

現代管理大師彼得．杜拉克，曾在自己的著作《杜拉克談高效能的5個習慣》中，簡明扼要地指出：「效率是『以正確的方式做事』，而效能則是『做正確的事』。效率和效能不應偏廢，但不意味兩者具有同等的重要性。我們當然希望在取得高效能的同時，又有高效率，若無法兼顧，首先應著眼於效能，然後再設法提高效率。」

多麼經典的論斷！杜拉克認為：效能比效率更重要，就像方向比努力更重要一樣。雖然兩者重要性不分軒輊，但要有一個先後次序。前提是選對方向、走對路，其次才談得上如何行走、如何快走。同樣的道理，只有先做正確的事，才談得上正確地做事。如果一開始就在做錯誤的事，即便你很努力，效率很高，也比不上一開始就做正確的事的人之效率。

美國的華盛頓特區，有一幢著名的建築物，名為傑佛遜紀念堂。曾有一段時間，人們發現這幢建築物的某處牆面上出現裂紋。為了保護這座場館，相關部門的專家進行研討和分析，試圖找到它出現裂痕的原因和補救措施。最初，大家認為損害建築物的元凶是腐蝕性的酸雨。為此，還精心設計完整詳盡的維護方案。

就在眾人準備把這套維護方案付諸實施時，有一位專家提出異議。他認為應該進一步研究，為什麼房子表層會有腐蝕性的酸雨？這一提議得到大家的贊同，於是專家們繼續深入分析，最後他們發現：原來這些腐蝕性的酸雨來自於鳥糞。

為什麼牆壁上有鳥糞呢？因為建築物周圍聚集了很多燕子。

為什麼建築物周圍有很多燕子呢？因為牆面上有燕子愛吃的蜘蛛。

為什麼牆面上有很多蜘蛛呢？因為附近有蜘蛛喜歡吃的飛蟲。

為什麼附近有那麼多飛蟲呢？因為建築物的窗子透光度太充足，致使飛蟲聚集於此，並且快速繁殖……

最終，專家們發現，要保護牆體的辦法非常簡單，就是窗簾拉起來，減少玻璃的反光性，一切問題就迎刃而解了。

這不由得讓人想到另外一個故事：

有一段時間，動物園的工作人員發現袋鼠總是跑出籠子。於是，大家開會討論，最後一致決定加高籠子，從原來的10公尺加到20公尺。可是加高籠子後，袋鼠依然跑出來，於是大家決定繼續加高籠子到30公尺。但沒想到的是，袋鼠還是在外頭閒晃。

一天，長頸鹿和袋鼠們在閒聊：「你們看，那些人真傻，他們會不會繼續加高你們的籠子呢？」「很難說，」袋鼠說，「如果他們再忘記關門的話！」

這是一個充滿諷刺的寓言故事，呈現出那些只知道做事，卻不知道做正確的事的人。在職場中，只知道「加高籠子」的人有很多，也許他們加高籠子時很賣力，速度很快，但永遠稱不上高效，因為他們沒有做正確的事。

1 先停下手頭的工作，找到正確的事情

歐姆威爾．格林紹是麥肯錫的資深諮詢顧問，他曾經指出：「我們不一定知道正確的道路是什麼，但卻不要在錯誤的道路上走得太遠。」

這句告誡對每個人都很有意義，它告訴我們很重要的工作方法：如果一時還弄不清什麼是正確的事，那最起碼應該先停下手頭的工作。

暫停工作，才能好好思考什麼是正確的事，才能避免在錯誤的道路上走過頭。

2 找出正確的事，也就是找到最重要的事情

工作就是解決問題。有時問題的本身已經相當清楚，解決問題的辦法也很簡單，但在解決這個問題之前，請確保自己正在做正確的事。

很有可能是，你有更重要的工作要做，在這種情況下，你應該把重要的工作先搞定，再去解決這個不太重要的問題。

3 學會表述你的觀點，爭取先做正確的事

有位醫生發現病人在輕微頭疼的症狀下，掩蓋了某些嚴重的疾病，他告訴病人：「先生，我可以治療你的頭疼，不過我認為這是某種更嚴重疾病的徵兆，待會要做進一步檢查，努力祛除這個病根。」這位醫生的做法很明智，他懂得治病要治本的道理。

同樣的，在工作中也可以參考這種方法。

像是老闆要求你解決某個影響公司業績的問題，在分析之後，你認為造成業績問題的根源，是另一個更重要的問題，此時便可以對老闆說：「你請我去解決X問題，但分析後，發現真正影響公司業績的問題是Y。如果你要求我現在解決X問題，我樂意這麼做。不過，我建議應該把精力放在解決Y問題上。這更有利於提升我們公司的業績。」

溫馨提醒

面對一項工作或一個問題，最大的錯誤就是不加以思考，不搞清楚完成這項工作的關鍵，或不研究這件事情的癥結，就想當然爾行動起來。這樣往往會白忙一場，浪費時間，效率低下，因此，一定要注意避免。

本章重點總覽

HIGHLIGHT

- 把80%的時間和精力，用在20%的重要工作上，那麼一切就會變得輕鬆起來。
- 一次做好一件事的人，比同時涉獵多個領域的人要好得多。
- 第一次就把工作做到位，才有機會贏得競爭的勝利。
- 一張便利貼，除了提醒、提示外，同時能更有次序安排工作。
- 別只把問題帶給我，我要的是解決方案。
- 發明千千萬，起點是一問。禽獸不如人，過在不會問。智者問得巧，愚者問得笨。人力勝天工，只在每事問。
- 任何老闆都想要找到，能自動承擔起責任和自願去幫助他人的人，即使沒有任何人告訴過她，要對某件事負責或者一定要去幫助別人。

- 1.發現問題，確認問題出現的根本原因；2.深度挖掘問題，找出解決的策略；3.處理問題，落實到行動上。
- 效率是「以正確的方式做事」，而效能則是「做正確的事」。效率和效能不應偏廢，但不意味兩者具有同等的重要性。若無法兼顧，首先應著眼於效能，然後再設法提高效率。

第 七 章

人際關係

不要忽視任何不起眼的人，真誠發展關係。

36

吉姆・弗雷德：努力記住別人的名字

我能叫得出名字的，少說也有5萬人。

——吉姆・弗雷德

你是否有這樣的經驗：與某個點頭之交在一段時間後相遇，對方叫出你的名字，你感到意外和驚喜之餘，卻忘記他是誰，抓耳撓腮良久，最終在對方的提醒下，才支支吾吾地說出名字，而且還是錯的。那一刻，想必會覺得自己很失禮吧？

叫不出或叫錯別人的名字，會覺得很不好意思，而被別人叫出名字，則會讓自己感到開心。這是因為名字對每個人都有特定的意義，一般人最關心、最感興趣的人名，不是自己崇拜的某個大明星，而是自己的名字。所以，戴爾．卡內基在他《人性的弱點》中忠告人們：記住別人的名字並準確地叫出來，很容易贏得他的好感。

吉姆．弗雷德10歲時，父親就在一場意外中喪生，他和母親以及兩個弟弟相依為命。由於家境貧寒，他很小就輟學打工，賺錢貼補家用。雖然沒讀什麼書，但是憑藉自己的熱情、禮貌和對人性的掌握，長大後經營事業一帆風順，並步入政壇。46歲那年，他已經獲得四所大學頒發的榮譽學位，並且高居民主黨要職，後來還成為美國的郵政首長。

有記者曾詢問他成功的祕訣，吉姆．弗雷德回答說：「辛勤工作，就這麼簡單。」

記者不相信地質疑道：「你別開玩笑了！」

他反問記者：「那你認為我成功的祕訣是什麼？」

記者說：「聽說你可以一字不差地叫出一萬個朋友的名字。」

吉姆．弗雷德笑著說：「不，你錯了！我能叫得出名字的，少說也有5萬人。」

吉姆．弗雷德雖然沒有直接回答記者，什麼是他的成功祕訣，但在他與記者的對話中，已經間接地告訴人們：就是記住別人的名字並叫出來。這是一個出乎人們意料之外的答案。他到底是如何辦到的呢？

吉姆．弗雷德說，他每次認識一個人，就會先弄清他的全名、家庭狀況、政治立場以及所從事的工作。然後，根據這些線索來留下印象。下一次再見到這個人時，不管事隔多久，他都能迎上去，叫出他的名字，噓寒問暖一番，或問問其工作、家庭狀況，就像多年未曾謀面的老朋友般，讓人感覺特別驚訝、特別溫暖、特別感動，與他打過交道的人都很喜歡他。

吉姆．弗雷德之所以愛記人名，是因為他很早就發現，人名對一個人的重要性。他表示，不管對哪一個人，你能喊出他的名字，都是一種友善和尊重的表現。如果不慎忘了或者叫錯了別人的名字，即便對方嘴上不說什麼，心裡肯定也是不舒服的。

戴爾．卡內基曾說過：「一個人的姓名是他自己最熟悉、最甜美、最妙不可言的稱呼，在人際關係中最明顯、最簡單、最重要、最能得到好感的方法，就是記住別人的名字。」

每個人在聽到別人喊自己的名字時，精神都會為之一振。尤其是一個只見第二次面，甚至是初次謀面的人，居然能叫出自己的名字，那表達出來的在乎和尊重，瞬間就會贏得人心。

而能否記住別人的名字，關鍵不在於記憶力好不好，在於用不用心，想不想記住。

沒聽清楚時，請對方重複名字

在人際交往中，你是否曾經歷過這種情況：當別人自我介紹時，你沒聽清楚，或聽清楚了，但是不知道對方的名字怎麼寫。很多人會假裝聽懂了，「嗯嗯啊啊」地附和，這樣肯定記不住別人的名字。

如果對方自我介紹時，你沒有聽清楚，或聽清楚了，但是不知道如何寫（或有生僻字、諧音字等），可以請他再重複一遍：「對不起，我剛才沒聽清楚，你能再重複一次嗎？」如果他的名字中有生僻字，比較特別，就直接問：「你的名字怎麼寫？是XX嗎？」然後，在接下去的交談中，一再地重複對方的名字，以加深記憶。

結合長相記住名字

記住一個人的姓名，並不是死記硬背，可以結合對方的長相、身材、身高等具體的特徵來加深印象。

心理學研究發現，越具體的東西，越容易在腦海中留下記憶。而名字本身是抽象文字的組合，不容易留下深刻的印象。在記憶時，最好將對方的姓名和外形特徵結合起來。

花時間整理名片

身在職場，每天都可能與客戶打交道，認識一些陌生人，並拿到多張名片。這個時候，最好當著對方的面，認真地看一眼名片，並讀出聲來。一方面是表達重視，另一方面是進行記憶，留下一點印象。

回去之後有必要拿出名片，再回憶一下這個人的外貌特點，並與他的名字做連結進行記憶。這樣當你們第二次見面時，就不容易鬧出「記錯名字」或「叫不出名字」的尷尬了。

PRACTICE 練習

經驗分享：記住他人名字的技巧

- 不斷重複——可以在談話中，不斷地提到對方的名字。

- 將對方的名字和其本人相對應——將記住的名字與對方的相貌相互對應，心裡重複這個聯繫並記憶多次。

- 使用相聯繫的詞語——把對方的名字與你所熟悉的某些詞語聯繫起來。

- 寫下來——把對方的名字寫下來，甚至可以當著對方的面寫下來。事後翻看筆記本，強化記憶。

37

哈佛宴會術：永遠都不要獨自用餐

關係是有限的，就像一個餡餅，只能被分成幾塊，拿走一塊少一塊。然而，我知道關係更像肌肉，你越使用，它越強壯。

——基思・法拉奇（Keith Ferrazzi）

吃飯是人最放鬆的時候，這就是為什麼很多人喜歡聚餐，因為可以在飯桌上談笑風生，說著說著就成了朋友，聊著聊著生意就成交。難怪有人把吃飯當成一種高效交際的手段，有事沒事就愛請客，好像永遠害怕獨自用餐一樣。

事實上，和別人一起吃飯，吃什麼不是重點，在哪裡吃也不重要，最要緊的是抓住吃飯這個時機，努力與其他人建立起良好的人際關係。當你和別人坐在一起吃飯時，傳達出的意思很明顯：我對你有好感、想和你交朋友！試問，天下有幾個人不願意和一個喜歡自己、願意與自己交朋友的人打交道呢？

基思・法拉奇出生於美國賓州的農村，父親是鋼鐵工人，母親為清潔工。求學期間，他靠自己的聰明才智和個人努力，獲得獎學金進入耶魯大學，並拿到哈佛大學工商管理碩士學位。畢業之後，法拉奇成為底特律知名諮詢公司的員工，並很快爬升到合夥人的位置。之後，他成立了自己的諮詢公司，成為業界白手起家的典範。

他在不到40歲時，就建立一張龐大的人脈關係網。這裡頭既有華盛頓的權力核心，也有好萊塢的大牌明星，他自己則成為「美國40歲以下名人」和「達佛斯全球明日之星」（世界經濟論壇俗稱達佛斯論壇）。他究竟是如何與知名人士成為朋友的呢？

法拉奇說：「剛進哈佛商學院時，我誠惶誠恐，真的不敢相信一個窮小子，能躋身全美最高商業學府。一年之後，一個問題浮上心頭：我身邊這些傢伙都是憑什麼本事進來的？」有了這個疑問之後，他開始思考這件事情，漸漸地發現：他們都善於和陌生人打交道，而且是主動與別人接觸，這樣就很容易建立起有效的關係網。然後，再利用關係網去拓展自己的事業，最終促進各方共贏。

後來，法拉奇慢慢找到適合自己的交際方式——請客吃飯。他表示，不管你是在公司工作，還是參與社區活動，都必須馬上融入這個圈子，快速成為團體的一部分。如果你總是單獨用餐，不搭理別人，那只能說明你與他人格格不入，這種孤立會帶給自己可怕的後果。為此，他還特地寫了一本名叫《別獨自用餐》的書，告訴大家要善於利用與他人一起用餐的機會，並透過這種方式和人拉近距離。

法拉奇還說，在與人一起用餐時，雖然你抱著和人交往的目的，但**不要總想著怎麼達到自己的目的，因為交朋友的關鍵在於真誠和慷慨**。如果為了拉關係而與人交往，表面上熱情握手，內心卻冷漠拒之，這樣的人是交不到朋友的。

在職場中，與同事、上司一起用餐的機會很多。很多大公司都有自己的員工餐廳，到了午餐時間，大家放下手頭的工作，來到餐廳裡吃飯。如果你也有這樣的機會，就可以和你想結交的同事坐在一起，大家邊吃邊聊，無形之中就拉近了彼此的關係，慢慢地就成為朋友。

中午去外面吃飯時，如果能主動邀約幾個同事，而不是一個人匆匆跑掉，就很容易為你贏得與大家一起用餐的機會。有時候，某個同事中午加班，或身體不舒服，不想外出，這時假使你能幫他外帶餐點，一定能贏得他的好感。

當然，在職場不獨自用餐，還有另外一種含義，那就是適當地請人吃飯。比如，下班後請幾個交情不錯的同事聚餐，與客戶談生意時做個小東，邊吃邊聊等等。

身在職場，請客吃飯往往被視為「商務餐」，是一種經常性、被廣泛接受的商務行為。許多成功的職場人士，往往把這種飯局當作達成業務、建立人脈的一種有效方式。一次小小的午餐之約，不僅能開啟新的關係，還能成為職場友誼的堅固基石。

1 地點宜近宜熟

不管是請同事、上司吃飯，還是邀客戶共進商務餐，如何選擇加分的地點？在這個部分，要把握一個原則——例如商務餐的主要目的，是溝通業務事宜，儘量選擇離公司較近的餐廳，最好步行不要超過10分鐘，這樣可以讓你與客戶有更多的溝通時間。

如果是私下請同事、上司吃飯，就要另當別論了，特別是不想讓其他同事知道時，就有必要選擇距公司較遠的餐廳用餐。當然，為保險起見，你也可以下班後再請。

關於餐廳的選擇問題，還有一個原則是「熟」，不要選擇從未去過的地方。當你不知道那家餐廳的環境、食物味道如何，貿然進入，可能會讓自己和客戶失望。雖然商務餐的飯菜不要求多麼高檔，但至少在味道上要讓客戶滿意；環境方面，儘量別選擇嘈雜的餐廳，以免影響你與客戶交流。

2 點餐要尊重對方

在點餐時，必須牢記一個原則，那就是客戶（同事、上司）優先，這樣可以表示重視對方。如果對方說「我對這裡的菜不熟悉，還是你來點吧」，那麼你最好還是要推辭一下，堅持讓對方先點，這不僅是出於禮貌，更重要的是，避免自己點了對方忌口的菜。

最好在點菜時，詢問一下對方的意見，同時也可以請教服務人員，或讓服務人員推薦幾道菜，這樣有利於了解菜的口味和特點。對於菜的數量，遵循不浪費的原則即可。

3 結帳需乾淨俐落

● **儘量提前付帳。**在用餐快結束時，可以找個藉口先離開一下，譬如對客戶說：「我去一趟洗手間，你慢用。」然後到櫃檯結帳。當你和客戶起身離開時，要對客戶說：「帳已經結了，我們走吧。」客戶一定會感到詫異，覺得你這個人辦事牢靠，做事考慮周全，心裡的天平一下就會傾向你。

● **如果可以，最好用卡結帳。**當著客戶面前數鈔票，會讓對方產生一種「我們一起出錢」的氛圍，可能因此感到不自在，而會搶著付錢。如果用卡，就會乾淨俐落。當然，提前付帳就不存在這個問題。

溫馨提醒

不要獨自用餐，並不是說一定要請別人吃飯，而是指藉由吃飯這件事，可以與別人互動，拉近人際關係。你也能和同事一起AA制吃飯，大家各吃各的，各付各的，這絲毫不影響人際交往。

38

馬丁・布伯：
擊中他人情感最薄弱的地方

人與人之間就是一種對話的關係，一種「我與你」的關係；對話的過程就是主體之間的相互造就過程，對話的實質就是人與人之間在精神上的相通。

——馬丁・布伯（Martin Buber）

馬丁・布伯所指的對話，實際上就是情感溝通。在人際交往中一定要考慮對方的心理感受，說令對方感覺舒服、樂於接受的話，這樣才容易打動對方，贏得他的好感。

有一則寓言故事：

大門上掛著一把堅實的大鎖，鐵錘費了九牛二虎之力，也沒有把它砸開。

這時鑰匙來了，瘦小的身子往鎖孔裡一鑽，輕輕扭動屁股，大鎖就應聲打開了。

鐵錘奇怪地問：「為什麼我費了這麼大的力氣也打不開，而你卻輕鬆打開了呢？」

鑰匙說：「因為我最了解它的心。」

在溝通中，你是否能像鑰匙了解鎖的心一樣，了解他人的內心呢？是否能夠體諒他人的感受，找出其情感最薄弱的地方，說出最能打動他的話呢？事實上，溝通絕不是一種單純的說話技巧，它還是很重要的情感閱讀藝術，即在對話中察言觀色，讀懂他人的內心，並有針對性地引導、關懷，在此基礎上的溝通才是最有感染力的。

有位開辦卡內基訓練課程的老師，在課堂上要求學員報告他們這個星期所發生的事情。每個學員都要輪流上台說話，但輪到一位女學員時，無論如何勸說，她都不肯上台。當時老師可以用強迫的方式，但他並沒有這麼做，而是靈機一動，對大家說：「我們先休息5分鐘。」

利用這5分鐘的休息時間，老師和那位女學員聊了幾句：「我知道，你不願意上台一定有特殊的原因，對不對？」

女學員看了老師一眼，眼眶紅紅的，然後講了關於自己的往事：「我上小學時，曾經代表班級參加演講比賽，上台之後因為緊張，腦子一片空白，把講詞忘得一乾二淨，結果傻傻地站在台上不知所措。後來主持人叫我下台，讓其他同學演講。比賽結束後，級任老師當著全班同學的面批評我，還打了我一巴掌。這給我造成了很大的心理傷害，從此我討厭演講，討厭老師，也包括你。」

聽完女學員的講述，老師對她說：「既然你不願意上台，那待會我就讓下一位學員接著講。」5分鐘之後，課程繼續進行。沒想到，那位女學員堅持要上台發言，她述說了自己學生時代的失敗例子以及挨的那記耳光，講得十分傷心、非常感人。後來全班同學投票，大家都覺得她的故事最令人印象深刻。

當女學員拒絕上台講話時，老師沒有強迫，而是選擇及時溝通，並且認真傾聽她的心聲，最終幫助她打開心結。女學員上台講出自己的故事，就是她打開心結的表現。而這一切，源於老師的情感溝通術，他讓女學員感受到尊重和關心，給了她從心理障礙中走出來的勇氣。

不可否認，溝通不能沒有技巧，但只有技巧是不夠的，還需要有關心與體諒他人的同理心。因為只有具備同理心，在溝通中遇到疑惑的地方時，才能夠耐心地提問、真誠地傾聽。

1 和善的溝通態度

人是情感動物，對他人的態度十分敏感，如果得到熱情、友善、真誠的對待，會感到愉悅，溝通也會變得順暢起來。因此，想與別人進行溝通，良好的態度是首要前提。

有位顧客想買冰箱，他先是去了某大型的電器賣場，可是在那裡沒有得到銷售人員的熱情接待，於是他轉到另一家小型商店，獲得親切的說明和應對。於是，他決定在這裡購買，並對營業員說：「雖然賣場有贈品，但態度很差，我寧願在你們這裡買。」

聰明的營業員應該知道，在溝通中保持良好的態度，才能擊中客戶的情感薄弱處，進而俘獲他的心，取得業績。很多時候，也許你的能力不是最出眾的，產品也不是最好的，但由於態度和善，重視他人的感受，反而最受歡迎。

有位教授在某地旅遊，其間到一家化妝品店幫妻子挑選香水，可是逛完之後，沒有發現自己想要的，於是，他在離開時告訴身邊的營業員。營業員非常真誠地說：「真的很抱歉，我們沒有您想要的東西。」教授非常感動，順手拿起一款香水說：「這個也可以的。」

溝通時的真誠態度是不可或缺的，尤其是作為銷售人士和服務人員，良好的溝通態度絕不能少。這個態度包括臉上的熱情微笑，行動上的主動問候，言語上的真誠關心，與客戶打交道過程中的禮貌。比如，客戶來了，及時端出一杯水，立刻搬一把椅子等，都可以迅速抓住客戶的心，贏得好感。

2 真心表達關心

人都有被關心的情感需求，哪怕是陌生人之間一句禮貌性的問候，或形式化的關切，都能讓人感覺愉悅。當然，越是充滿感情的關心，越能擄獲他人的心。

某電器賣場的營業員接待一名顧客時，透過對方的口音判斷，應該是家鄉人，於是立即用家鄉話與他溝通，瞬間就拉近彼此的距離。隨後，營業員很關心地詢問老鄉的工作狀況，分享對家鄉的思念之情，兩人聊得十分投機，幾乎沒有談到產品的事情。結果，老鄉一口氣就買了好幾樣電器。

從這個例子可以看出，情感溝通的技巧，就是在恰當的時間，以恰當的方式，把正確的訊息傳達給他人。優秀的職場人士善於揣摩他人的內心活動，找到關心的著眼點，讓人感覺特別舒服與安心。

職場箴言

每個人都需要有人和他開誠布公地談心。一個人儘管可以十分英勇，但也可能非常孤獨。

——美國作家海明威

39

數據溝通術：數字本身就有說服力

> 他們需要從數據中找到有用的真相，然後解釋給領導者。
>
> ——數據科學家理查德・斯尼（Richard Snee）

某家電企業，生產出一種品質上乘的洗衣機，並得到國家專業機構認可「五千次無故障運行」。為了迅速搶占市場，該公司想出了一個絕妙的廣告行銷策略：在大城市某黃金路段，租了一個小亭子，然後把新研發的洗衣機，放在小亭子裡供來往的人參觀。洗衣機始終處於運轉狀態，而且完全公開接受群眾監督，絕對不可能中途調換其他台。

果然，這台洗衣機迅速引起眾人的關注，結果真的連續無故障運轉了五千次，從此該機器成為消費者心目中的名牌產品，銷量節節攀升。

在日常的人際溝通中，尤其是在銷售過程裡，恰當地使用數字可以達到說服客戶的目的。因為數字可以體現產品的性能，讓客戶直觀了解產品的優勢。例如，你對客戶說：「我們的電燈經過專業測試，可以連續使用五萬個小時而無品質問題。」「我們公司的電器，在全國已暢銷超過二百六十萬台。」「連續使用30天XX品牌的洗髮精，您的頭髮可以……」

在介紹產品時，使用精確的數據，可以加深客戶的印象，增強其可信度。但在利用數據說明問題的時候，銷售人員需要注意以下幾點：

1 必須保證數據的真實性和準確性

在溝通中運用精確的數據，能引起客戶的重視和信賴，但前提是必須為真實和準確的。一旦客戶發現你所列的數據，是虛假或錯誤的，他們就有充分的理由，認為你是在欺騙他們，之前好不容易建立的信賴感會瞬間即逝，產品給客戶留下的好印象也會蕩然無存。結果只會適得其反，即使再想努力說服客戶，也會變得難如登天。

數據不是死的，不是固定不變的，隨著時間和環境的變化，很多產品的相關資訊都會有所更改。因此，在運用數據時，一定要注意，切不可十年前是用這套，十年後還是同一套。

要記住，虛假的數據是沒有說服力的，有的只是摧毀你的觀點和產品形象的殺傷力。

2 用影響力較大的人物或事件說明

想使手上的數據給客戶留下深刻的印象，可以借助那些影響力較大的人物或事件來加以說明。比如：

「某某明星從XX年開始，就一直使用我們公司的產品，到現在已經和我們建立了8年3個月的良好合作關係。」

「我們的產品是XX年奧運指定產品，僅那次奧運就使用了XXX箱。」

這樣便可以發揮名人效應，製造產品的影響力，增進客戶對產品的信任感。

3 利用權威機構的證明

在運用數據說明產品時，最好這些數據是經過權威機構認證。因為權威機構本身就是一種值得信任的象徵，影響力絕非一般。當客戶對你的產品品質或其他問題提出質疑時，不妨用這種方法來解釋說明，讓客戶的疑慮一掃而空。例如：「我們的產品經過ＸＸ協會連續11個月的調查之後，認定它完全符合國家標準……」

在溝通時，不可一味地羅列數據，因為白紙黑字畢竟是枯燥的，說多了只會令客戶感到單調。聰明的做法，是適當地居間穿插，在最關鍵的地方運用最精確的數據，這樣才能發揮畫龍點睛、說明問題的作用。

職場箴言

說服有兩個最基本的技巧：第一個是列出數據，第二個則是舉出案例。

40

來點邏輯：讓人進入你的思維模式

在與人交談時，不要以討論異見開場，而要以不斷強調雙方所認同的事情作為開始。

——戴爾・卡內基

真正會說話的人，往往是語言邏輯的高手，他們絕不會腦筋混亂、前言不搭後語，而是思維縝密，講話有層次、有主題、有條理，讓人聽後頻頻點頭，不自覺地接受其觀點。

一天，公司突然宣布晚上要加班，各部門主管紛紛把這個消息傳達給下屬。結果員工們議論紛紛，一時間亂成一團。有的人反對，有的人心不甘情不願，只有少數人默不作聲。

生產部主管的做法與眾不同，他沒有直接傳達公司要求大家加班的命令，而是召開一個簡短的會議，劈頭就問：「各位，如果公司的大客戶不下訂單給我們會怎麼樣？」得到的回答是：「沒訂單公司就沒錢賺啊。」

生產部主管又問：「公司沒錢賺會有什麼後果呢？」得到的回答是：「我們大家都要倒楣，說不定還會被裁員！」

生產部主管接著說：「那如果客戶是因為公司不能如期完成訂單，而拒絕與我們合作呢？我們能讓這樣的事情發生嗎？」

得到的回答是：「絕對不能讓這樣的事情發生。」

生產部主管說：「是啊，我們的團隊是最棒的，絕不能因為自個兒的原因影響公司的業績，所以，我們必須堅決完成生產任務。為此，今天晚上需要加個班，相信大家沒有意見，對吧？」下屬們紛紛表示沒問題，欣然接受加班的要求。

看看這位生產部主管，他就充分運用邏輯思維來與下屬溝通，將他們一步步帶入自己的思維模式。善於運用邏輯思維來溝通，可以使你的言語錦上添花，使你的表達有條有理，使他人更容易理解你的想法。邏輯是一門廣泛、深奧的藝術，下面簡單地介紹幾種實用的邏輯溝通方法，讓你在職場中遊刃有餘。

1 遇到不適合的提問，巧妙地用邏輯轉移話題

在人際溝通中，難免會碰到一些不利於自己的話題或提問。如果我們拒絕回答，會讓提問者下不了台；假使我們實話實說，又會讓自己陷入尷尬，這個時候最好的辦法是答非所問，巧妙地轉移話題。

2 製造「兩難」，讓人做出有利於你的選擇

有時候你想說服別人，達到自己的某些目的，但如果直接提出要求，很難被接受。這個時候就有必要來點邏輯，甚至故意製造「陷阱」，置人於對你都有利的兩難境地。

美國普林斯頓大學的一個男生，愛上一位美麗的女同學，但他一直不敢表白。因為這個女孩實在太漂亮了，而自己長相一般，各方面也不是特別出眾。有一天，他想到辦法，

便鼓起勇氣，對那個女生說：「你好，這張紙條上，我有寫一句關於你的話，如果你覺得我寫的是事實，就送給我一張照片好嗎？」

女生的第一個反應是：又來一個無聊的男生，不就是想追求我嗎？何必搞得這麼神祕兮兮。女孩見多了這樣的貨色，想早點擺脫男生的糾纏，於是答應了他的請求。她當時想的是：不管他寫什麼我都說不是事實，那就不用送照片了。可是，當女孩看了紙條上的那句話後，馬上皺起眉頭，因為她絞盡腦汁也想不出拒絕的理由，只好乖乖地送給男生一張自己的玉照。

究竟是怎麼回事呢？原來，男生在紙條上是這麼寫的：「你不會吻我，也不想把照片送給我。」如果女孩承認這是事實，那麼她就必須按照約定，把自己的照片送給男生；如果她不承認這是事實，那麼便意味著她會吻男生，也想把照片送給男生。所以，無論如何她都得把照片送出。

這個聰明的男生是雷蒙德．斯穆里安（Raymond Smullyan），他所運用的邏輯叫「兩難選擇」，即不論對方選擇哪一個，都有利於自己。後來，他成為美國著名的邏輯學家，而那個女孩，也成為他的妻子。

3 讓人一開始就說「是的」，並形成一種習慣

美國作家奧佛斯屈曾說，一個「否定」的反應，是人最不容易突破的障礙，當一個人說「不」時，他所有的人格尊嚴，都要求他堅持到底。也許事後他覺得說「不」是錯的，但為了保護自己的自尊，也會堅持下去。

客戶說：「因為你的發動機太熱了，我的手不能放上去，所以我不會買。」

推銷員說：「先生，如果我的發動機太熱，你就不應該買。我的發動機熱度不應該超過全國電器製造公會所訂的標準，不是嗎？」

客戶說：「是的，這是肯定的。」

推銷員說：「電器製造公會訂的標準是：發動機的溫度可以比室內高華氏72度，對不對？」

客戶說：「是的。」

推銷員說：「請問你的廠房內溫度有多高？」

客戶說：「大概華氏75度。」

推銷員說：「如果廠房的溫度是75度，加上機器熱度72度，總共是華氏147度，對

吧？」

客戶說：「是的。」

推銷員說：「把手放在華氏147度的東西上，是不是很燙手？」

客戶說：「是的。」這是事實，他必須回答「是的」。

推銷員說：「我的建議是，我們不需要把手放在上面，是不是呢？」

客戶說：「我想是的，你的建議不錯。」最終，這位客戶購買了推銷員推銷的發動機。

美國人際關係學家戴爾·卡內基指出，在與人交談時，不要以討論異見開場，而要以不斷強調雙方所認同的事情作為開始。也就是說，在溝通中要頻頻誘使對方說「是的」，盡可能避免對方說「不」。

41

麥肯錫：別想把整個海洋煮沸

你不可能將整個海洋煮沸。

——麥肯錫工作法則

世界上所有的植物中，最高大雄偉的恐怕要數美國加州的紅杉，它的高度在90公尺左右，相當於一幢30層樓的大廈。很多人都知道，植物越高大，它的根就扎得越深。但植物學家研究發現，加州紅杉的根並不深，而是淺淺地浮在地面之中。按道理來說，它的抗風能力是很差的，一陣大風就可以把它連根拔起。

但事實上，紅杉抓地很牢，抗風能力極強，這究竟是為什麼呢？原來，紅杉雖然扎根不深，但卻是以團體的形式生長。一棵棵紅杉組成大片紅杉林，彼此的根緊密地連接在一起。自然界有再大的風，也難以撼動團隊作戰的紅杉林。

對職場來說，合作的重要性，是難以用言語來形容的。作為一名員工，只有懂得與大家團結協作、互相幫忙，才能順利地克服工作中的困難，以最快的速度走向成功。

麥肯錫有一句名言，那就是：你不可能將整個海洋煮沸。這句話的意思是，個人的知識和能力是有限的，不要試圖單打獨鬥完成一項巨大的工作，而要善於與大家合作，依靠團隊成員的知識、經驗和能力共同完成，這才是最明智的選擇。

在麥肯錫，員工絕不會單獨上路，或者說，至少員工不會獨自工作。公司裡每一件專案，幾乎都是以團隊的方式來進行的，從第一線的客戶應對，到公司決策的出爐，都不是一個人在戰鬥。

公司最小的工作團隊也有兩名成員，而對於最大的客戶，則會安排幾個5∫6人的團隊，同一時間在現場工作，這些小隊一起組成「超級團隊」。在20世紀90年代初期，麥肯錫的超級團隊在一起討論工作時，人數居然多到公司沒有一間會議室可以容得下，只好另覓他處。

麥肯錫認為，依賴團隊去工作，是解決問題的最佳辦法。對於麥肯錫來說，它面臨的問題要嘛極其複雜，諸如「當主要市場萎縮時，面對競爭的壓力和工會的要求，如何保持股東的權益」；要嘛非常寬泛，像是「在這個行業中，我們怎樣才能賺錢」。對於這些問題，一個人根本無法應對和解決，而需要團隊來處理。這意味著大家可以分工合作，分頭去蒐集資料，然後一起討論。更重要的是，有更多的大腦來思考和琢磨問題。

當你在工作中遇到複雜的問題時，也可以借助團隊的力量來解決，而且應該這麼做。團隊的力量不僅僅是讓你的工作輕鬆一些，也會取得更好的執行效果。

1 合作不是萬不得已的選擇

在職場中，很多人會因為必須在一起工作，才與他人保持合作關係，一旦工作結束，合作關係馬上消失。這種合作顯然是不可靠的，也無法長久。**真正的團隊合作，是以「雙方都是心甘情願」為基礎**，這就要求我們在日常工作中，積極表現出合作的動機和意識。

如果一項工作，兩個人可以做得比一個人更高效、更完美，那麼，請不要一個人去做。這不僅是為個人著想，也是為公司的整體利益考量。

2 合作的最高境界是取長補短

假如每個人的能力、優勢都一樣，那談合作就沒什麼意義，只不過是「一加一等於二」罷了。機械的人力相加，在體力活動中尚且可行，但在腦力工作中就沒有意義了。慶幸的是，每個人的能力事實上是不同的，優勢也不一樣，皆有擅長和不擅長的，合作就是取他人之長、補自己之短的過程。

當每個人都把自己的優勢發揮出來，補足自身的缺點之後，團隊合作的威力就是最大的，這會大幅增加做事的勝算。所以，在合作中沒必要斤斤計較，因為相對於「微不足道」的個人利益來說，完成企業的大目標，比什麼都重要。

3 合作講究技巧和優化資源配置

合作不是簡單地把幾個人集合起來就行，而是講究技巧和分工的。除了上面說到的優勢互補之外，還需要制訂明確的目標和計畫，讓每個人把目標和計畫銘記在心，然後再給各個團隊成員分配任務，彼此相對獨立地工作，但又相互保持協作。就像機器上的各個零組件，各自發揮功能卻又緊密聯繫，才能正常、高效地運轉。

說到這裡，不由得讓人想起一個故事。

有兩個饑腸轆轆、奄奄一息的人行走在沙漠中，幸運的是，他們得到一位長者的施捨：給他們一根魚竿和一簍鮮活的魚。他們得到這些東西之後並未分開，而是決定合作下去。首先，他們把魚烤了，飽餐一頓，想著吃飽了好上路，找一處河流釣魚，再繼續填飽肚子。但未曾想到，他們吃完所有的魚之後，行走了好長好長的路，也沒有找到可以垂釣的河流。結果，他們還是餓死了。

同樣是兩個饑腸轆轆的人，他們也得到相同的饋贈，但做法不同。首先，他們訂了目標：要讓這麼多魚維持到找到河流為止。其次，制訂一個計畫，每走多遠吃一條魚，保證不被餓死就行。就這樣，兩人統一目標和思想，按照計畫合作下去，最終找到了河流，而他們之中有一位是垂釣高手，很快就釣到了魚，從此便擺脫了饑餓的困擾。

這故事透過對比，告訴我們：合作固然重要，但更重要的是掌握合作的方法，否則，即便合作也很難解決問題、克服困難。

請牢記合作中目標、計畫的重要性，學會優化資源配置，以保證合作順利而高效地進行。

【解析】

- **三道題都選 A**：很有團隊意識，但要當心，千萬別被無關緊要的事情扯後腿。
- **兩道題選 A**：很善於合作，但並非因合作失去個性和自由，你懂得在恰當的時候拒絕。
- **一道題選 A**：以自我為中心的人，不願意讓生活被工作干擾，不善於和他人合作。

TEST 測驗

你的團隊合作意識如何？

Q1. 如果主管請你晚上去公司加班，但那天晚上剛好直播世界盃足球的決賽，你會怎麼做？

A. 答應去加班。

B. 找個理由，拒絕加班。

C. 去加班，但是偷偷看網路直播，根本沒認真做事。

Q2. 如果某位重要客戶在週末下午打電話來，說他們從你公司購買的設備故障了，要求緊急更換零件，而相關負責人及維修工程師均已下班，你會怎麼做？

A. 告訴負責人，當負責人叫你去送貨時，你很爽快地答應。

B. 打電話把事情告訴負責人，但話裡暗示他你現在很忙。

C. 直接對客戶說，週末沒辦法解決，要等到週一上班時才能處理。

Q3. 如果有位與你處於競爭關係的同事向你借一本暢銷書，你會怎麼做？

A. 很爽快地借給他。

B. 嘴裡說：「這本書不怎麼樣，看不看無所謂。如果你想看，就拿去吧！」

C. 告訴他那本書被別人借走了。

42

戴爾．卡內基：真心表現出對他人的興趣

一個人只要對別人真心感興趣，在兩個月之內，他所得到的朋友，就比一個要別人對自己感興趣的人，在兩年之內所交的朋友還要多。

——戴爾．卡內基

著名的魔術師霍華．薩斯頓（Howard Thurston），在長達四十年的魔術表演生涯中，走遍世界各地，不斷地創造幻象來迷惑觀眾，使大家吃驚地不知瞪大過眼睛多少回。有人統計，看過薩斯頓魔術表演的人數超過六千萬，門票收入使他賺了近兩百萬美元。這在當

時，絕對是天文數字。很多人以為薩斯頓的成功，依靠的是淵博的知識和高超的魔術技巧，但他表示，技巧出神入化的魔術師不只他一人，但他之所以能取得較高的成就，得益於他懂得真心實意地對觀眾表現出興趣。

很多魔術師會一邊表演，一邊看著現場觀眾，心裡卻對自己說：「瞧瞧場內那些傻瓜，一群笨蛋，我把他們騙得團團轉，他們還心甘情願掏錢，為我鼓掌。」但薩斯頓完全不同，他每一次上台，都會提醒自己說：「非常感謝這些人來看我表演，讓我能夠衣食無虞。我要窮盡所學，把最高明的手法變給他們看。」

薩斯頓宣稱，每當走上舞台時，他都會不斷地告訴自己：

「我愛我的觀眾，我愛我的觀眾。」

並在表演中不時詢問現場觀眾：

「大家希望看我表演什麼魔術呢？只要你們說，我就表演給你們看。」

雖然他這麼問了，但是對魔術表演知之甚少的觀眾，往往會讓薩斯頓隨意發揮。正是憑藉這一點，他成了魔術師中的佼佼者。

現在讓我們來想像一個畫面：同事在滔滔不絕地跟你講述某件事，而你卻心不在焉地摳手指，或是滑手機。試問，同事會保持說話的熱情嗎？他會不會覺得自己沒有受到重視呢？或是感覺熱臉貼到冷屁股上了？答案是肯定的。只要換位思考一下，便會獲得相同的感受。

1 重複關鍵字

在與人交談時，是表現出對他人感興趣最好的機會。如不時重複一下話中的關鍵字或感情用語，讓對方知道你有認真在聽，且對他的話感興趣。在心理學上，這種重複關鍵字的技巧，被稱為「反射」。

賓州州立大學的心理學家羅帕多埃里克，曾做過一個關於「反射」的實驗：他找來90名大學女生，讓工作人員分別與她們對話。其中45名女大生在發言時，工作人員會適當地重複她們話中的關鍵字。另外45名在說話時，工作人員不重複她們話中的關鍵字，只是一聲不吭地聽著。

結果顯示，與後一批大學生相比，前一批的談話時間更長，次數也更多，她們交談時的熱情也異常高漲，且對於工作人員的好感度，要高出11％，並非常樂意與工作人員聊天。

這個實驗說明：在與人交談時，重複對方的關鍵字或感情用語，可以表達出對於對方的興趣，引發他對你的好感，繼而使得對方更願意與你交談、交往。當然，在重複這些詞語時，要用心找出對的關鍵字，千萬別弄巧成拙。

舉個簡單的例子，當同事告訴你：「我這個月的業績超額50％！」你的回應需要重複的關鍵字是「50％」，如果你找錯了關鍵字，只重複「你」，即會表現出質疑、不相信、看不起的態度，氣氛一下就變得尷尬起來，對方肯定會以為你在故意諷刺他。

2 適當的提問讓對方接話

在與同事相處的過程中，要想表達出對他的興趣，可以運用提問。如對同事說：「週末過得如何？上次聽說你想去爬XX山，去了嗎？」如果同事說：「去了！」你可以說：「真的啊？那裡好玩嗎？好玩的話我也想去。」這樣一個問題，便能燃起同事講述的慾望，還能顯現你對同事的關心和興趣，贏得他的好感。

在交談中，適時運用提問也很重要。當同事講了一件事，你可以用好奇的口吻說：「不會吧？怎麼會這樣？」或說了一件你不明白的事情，你可以反問：「為什麼呢？」「後來呢？」這樣便能串起同事與你的互信關係，使交談變得更順利。

3 配合肢體語言增加好感

人說話是有表情、神態的，這些構成了豐富的肢體語言，讓交流和交往充滿生動感，增加親和力。

經驗分享

可以表達出你對他人感興趣有以下的肢體語言：

- 直視對方，嘴角上揚，表示你的興趣被挑起，很想發言參與。
- 上身前傾，或直接走近對方。身體前傾，是很典型表明感興趣的肢體語言，其言外之意是「我想聽得更清楚一些」。

另外，需注意以下的行為，會讓對方覺得你不在乎。如蹺二郎腿、抖腿、打哈欠、伸懶腰、挖耳朵、摳鼻子、看錶、雙臂交叉抱於胸前、揉眼睛等等，都會影響對方的好感。

本章重點總覽 HIGHLIGHT

- 在人際關係中最明顯、最簡單、最重要、最能得到好感的方法，就是記住別人的名字。
- 溝通絕不是一種單純的說話技巧，它還是很重要的情感閱讀藝術，即在對話中察言觀色，讀懂他人的內心，並有針對性地引導、關懷，在此基礎上的溝通才是最有感染力的。
- 數字本身就有說服力。
- 真正會說話的人，往往是語言邏輯的高手，他們絕不會腦筋混亂、前言不搭後語，而是思維縝密，講話有層次、有主題、有條理，讓人聽後頻頻點頭，不自覺地接受其觀點。
- 只有懂得與團隊合作、互相幫忙，才能順利地克服工作中的困難，以最快的速度走向成功。
- 與人交談時，重複話中的關鍵字或感情用語，可以迅速贏得他人的好感。

第　八　章

自我完善

重視 **8** 小時之外的生活，這是你對生活的堅持。

43

法式停擺：別把工作帶回家

8月，這個國家在很大程度上處於「停擺」的狀態。尤其是巴黎，商店紛紛關門，甚至部分博物館也只在有限的時段裡對外開放。當地民眾似乎集體去了外地——都到大西洋沿岸和蔚藍海岸度假去了。

——《赴法旅遊指南》

（孤獨星球出版社，Lonely Planet Publications）

一直以來，很多職場人士都在討論一個話題：下班之後該不該把工作帶回家？

有些人持肯定態度，認為工作可以與生活合而為一，在家工作並不影響正常的生活；有些人持反對態度，認為工作是工作，生活是生活，既然下班了，就不該再想工作上的事，而應該放鬆心情，好好享受生活。

對於這個爭議性的話題，我有位同事林先生他的做法是：當然可以把工作帶回家，而且他一直都是這麼做。

林先生下班之後，總是很快地離開公司，週末也不喜歡去加班，他習慣把工作帶回家做。一回到家吃完晚飯，就開始埋首於當天未完成的工作。如果孩子纏著他要聽故事，或問他什麼問題，他會很不耐煩地說：「到旁邊去，沒看見爸爸在忙嗎？」如果孩子不乖乖聽話，他還會大發雷霆。

就這樣，家裡幾乎每天都有這樣一道「風景」：林先生板著面孔，獨自坐在書房裡，完成一些案頭的文字工作。他不時點燃一支香菸，常常抓耳撓腮，發出煩躁的嘆氣聲。雖然已經很疲憊，工作效率也不高，但就是無法停下手頭的事情。即便毫無思緒，他也不願意離開電腦桌，去陪陪家人。

妻子對丈夫這種行為非常生氣，不知道說了多少次，但他並不當一回事。久而久之，妻子也不說了，吃完飯就帶著孩子到外面散步，或在家裡看電視、打遊戲，到了睡覺時間就睡自己的，這嚴重影響了他們夫妻間的感情。

孩子對爸爸也是敬而遠之，上一秒和媽媽玩得不亦樂乎，下一秒見到爸爸，就立刻閉上嘴巴，不敢放聲大笑。這也讓林先生感到無奈，但他卻沒有想過問題出在哪裡，沒有思考過改變自己的工作方式。

「工作可以使人高貴，但也可能把他變成禽獸。」這是西方國家一句流傳很廣的俗諺。我們既希望在工作上有卓越的成就，也期待享受自在愜意的生活。但事實上，魚和熊掌很難兼得。在工作時，要暫時放下生活的愜意，下班之後，同樣應該暫時捨掉工作，全心享受愜意的生活。

為什麼很多上班族總感覺活得疲憊？恐怕和他們不能正確處理好工作與生活間的平衡有關。他們可能忽視了一個簡單的道理：**工作是工作，生活是生活，二者不可混為一談，不能沒有界限。**

把工作——謀生的工具視為人生的最高境界，把它看得太重，無疑會讓自己陷入難以自拔的泥淖中，把生活弄得一團糟。

英國著名作家山謬．約翰遜（Samuel Johnson）曾經說過：**「在家中享受幸福，是一切抱負的最終目的，別把工作帶回家。」**他建議用不同的態度來看待工作和生活，在工作上不管是醫生、律師、教授還是老闆，你所扮演的角色都是你的職務。下班之後，就應該脫下職務的外套，扮演最真實的自己，好好地陪伴家人，享受生活。如果情況允許，儘量不要將工作有關的事情帶回家，在進家門的那一刻，不妨就設立界線：

1 家不是戰場：不要把工作中的權力、規則帶回家

有位老將軍曾在保衛國家的戰爭中立下赫赫功勛，戰事結束之後，他沒有機會打仗了，便把重心轉移到家裡。他把作戰時用過的望遠鏡、地圖等物品，擺在客廳最顯眼的位置，經常向客人介紹；對待妻子、孩子，也是頤指氣使地下命令，就像指揮士兵那樣；與家人吵架爭執不過時，便用將軍的身分壓制他們：「這是國家的命令，你們是軍人的家人，理應服從命令。」

老將軍的兒子脾氣也倔強，從小就與父親不和。高中畢業時，父親堅決不讓他參加

大學入學考試，而是要他去參軍。這讓成績優秀的兒子，失去了進入自己理想大學的機會。他恨透了父親，從那以後，不再與父親說話，且能不回家就不回家，因為他不想看到爸爸。

原本一個溫暖的家，由於將軍把工作中的權力、規則原封不動搬回來，破壞了它原有的和諧與氛圍，影響到家人之間的關係。這個故事告訴我們：無論你在工作中多麼威風，是公司老闆也好，是部門主管也罷，回到家裡，還是家庭中的一員——父親、母親或孩子，千萬別把工作中的權威或鐵腕的作風帶回家，家人不是下屬，而是最親密的夥伴。

2 家不是垃圾桶：請不要把負面情緒帶回家

還有一種人，雖然沒有把工作帶回家，但腦子裡總是裝滿工作上的瑣事，例如人事晉升、業績考評、上下級關係等等，在不知不覺中，將工作的壓力和負面情緒帶回家，把家當成垃圾桶，隨隨便便就將一切不愉快狂洩而出。

在現代職場中，人容易產生壓力，會有負面情緒是正常的，但不應該任意傾倒在不相關的人身上，尤其是家人。要知道，家是溫馨的港灣，而不是情緒的處理槽。如果有壓力、心情不好，可以找朋友傾訴，或回家和家人好好聊聊，絕非粗暴地發洩。否則，平靜的港灣將永無寧日。

3 思考效率問題：幫明天的工作制訂有效的計畫

為什麼總有做不完的工作？是太過積極主動，承攬很多原本屬於別人的事情；還是不善於安排輕重緩急，導致沒有效率呢？如果是前者，則有必要學會拒絕，幫同事無可厚非，但不能幫過頭，以至於失去自己；如果是後者，就有必要思考效率的問題了。

你不妨每天為第二天的工作制訂一個計畫，按照其輕重緩急去執行，保證每一時刻，都是在做最重要的事。這樣才能讓工作變得有效率，讓自己忙出成效，有忙有閒。

職場箴言

想成功管理時間，不是把它完全用在工作上。打拚之餘，還應該留點時間好好休息，以儲備體力再出發。另外，請為家庭、朋友、業餘愛好和其他休閒活動保留一些活動空間吧。

44

梁厚甫：隨身攜帶一本書

我看見一個美國青年手捧一本書，依靠在球場邊的鐵絲網上閱讀，一隻腳抬起，另一隻腳著地。一讀就是兩個小時，沒有變換位置，直到他把書讀完才離開。

——華裔美籍著名作家、政論家梁厚甫

書是人類的精神糧食，一本好書能讓人受益終生。說到看書，很多人自然就會聯想到正襟危坐於書房裡，或靠在沙發上，不受任何干擾地閱讀。如果能有這樣安靜的地方，無疑是最好的閱讀環境。

其實，我們應該將讀書當成稀鬆平常之事，就像吃飯、喝水、睡覺一樣，融入到生活每個片段之中。只要手上有一本書，就可以隨時隨地、隨心所欲地讀。

不知你是否統計過，一生中有多少時間是花在「等待」上。在車站等候列車，在超市等待收銀，在酒吧等待朋友，在馬路邊等公車……不論是等人、等事或等物，每一天幾乎都要花費一定的時間在等待。在等待時，很多人神情焦急、坐立難安，為什麼不隨身攜帶一本書，利用等待的時間閱讀呢？

隨身攜帶一本書，你會發現等待的時間不再漫長，等待的過程不再煎熬。那種焦灼、不安、煩躁、心慌的感覺，會被安靜、悠閒、輕鬆、淡定取代。如此一來，既增長了知識，又讓時間被充分利用。

如果外出旅行、度假，更應該隨身攜帶一本書，它可以讓旅途不再寂寞，又能打發無聊的夜晚。就連正常工作的日子也可以這樣做，在上下班的公車或地鐵上，盡情享受閱讀帶給你的精神滋養。隨身攜帶一本書，可以更迅速地成就自己的夢想。

「如果每個人都能在背包裡放一本書，我相信所有人的生活，都會變得更加美好。」

這是《馬奎斯傳》中的一句話。

前蘇聯大文豪高爾基（Maxim Gorky）說過：「時間就像海綿裡的水，只要去擠總會有的。」如果你能隨身攜帶一本書，那麼一年下來、十年下來，將會擠出很多閱讀的時間，且能獲得巨大的知識財富，這些知識或許能幫助你實現自己的夢想。不要小看每天讀幾分鐘的書，點滴積累，就可以讓你擁有汪洋大海般的知識量。

1 每天讀書不在多，貴在堅持

每天有空的時候看一點書，哪怕只讀30分鐘，一年下來也有一百八十多個小時。只要能夠堅持下去，每一次所讀都會計入你的閱讀量。而這些累積的閱讀量，就會潛移默化地充實內心，提升思想和體悟，悄然之間轉化成為言行和見識。

2 選擇容易攜帶的書本

也許你會覺得隨身攜帶一本書，會給自己的包包製造壓力。確實，有些書很大，有些書很重，帶在身邊有些費力。其實，這並不是什麼難題，解決起來很簡單。

- **選擇文庫本**。市場上有些書籍會出版文庫本，版式不大，文字不多，攜帶起來特別方便。而且它容易讀完，有利於激發閱讀興趣。當你看完一本又一本時，會覺得很有成就感。
- **利用手機閱讀電子書**。智慧型手機現在人手一支，而且功能越來越多，越來越人性化。遺憾的是，很多人只會利用手機玩遊戲、刷網頁，就是沒見幾個在看電子書的。手機是我們每天生活的必備品，完全可以利用它來找尋有興趣的電子書，這樣閱讀就變得十分方便。

3 讀書原則：不強迫自己，隨心所欲

讀書是一件快樂的事情，應該內化成一種習慣。隨身攜帶書籍，並不是為了強迫自己去閱讀，而是要隨心所欲，想讀就讀，慢慢地培養起自己的閱讀興趣，這一點對於不愛讀書的人來說尤為重要。

45 叔本華：讀完一本書後，花三倍時間思考

如果一個人只是大量閱讀，把讀書當成空閒時間不動腦筋的消遣，那麼長此以往，他就會失去獨立思考的能力。就像一個總是騎在馬背上的人，最後會失去行走的能力一樣。

——叔本華

兩千多年前，偉大的教育家孔子曾說：「學而不思則罔，思而不學則殆。」這句話的意思是，一味地讀書而不思考，只會被書牽著鼻子走；只思考而不讀書，就會更加疑惑和

危險。簡單地說，只讀書而不思考，就好比吃到肚子裡的食物未經腸胃消化，不能轉化為營養供給身體一樣，這樣吃的東西再多也是浪費，讀的書再多也是徒勞。

在生活中，有些人讀書只追求速度、在乎數量，講究一目十行，書籍和知識在他們面前，就如過眼雲煙，只匆匆留下些許印象，轉瞬間就被拋於腦後。更嚴重的是，他們讀完書後，也不思考其中留下的疑問，自然無法將得來的知識，內化成自己的學問。這樣的人不過是在「讀死書」，即使閱讀量再大再多，也不能讓知識為己所用。

有一天深夜，紐西蘭著名的物理學家拉塞福（Ernest Rutherford）走進實驗室，看見一個學生正在認真地看書。拉塞福關心地詢問：「這麼晚了，你怎麼還在這裡？」

學生說：「我在看您編的最新講義。」

「那你白天都做什麼？」拉塞福問。

「白天也在看書啊！」

「早晨也在讀？」拉塞福繼續問。

「是的，教授，從早到晚我都沒有離開書本。」學生回答時顯得非常興奮，以為會得到拉塞福的誇獎。不料，拉塞福反問了學生一句：「那你用什麼時間來思考呢？」

讀書不能僅滿足於開卷有益，更重要的是思考。英國的弗·奧斯本曾經說過這樣一句話：**「與其匆匆博覽百書，不如徹底消化幾本。」**

法國作家伏爾泰（Voltaire）也曾說：「書讀得越多而不加以思考，就會覺得自己知道的很多。若書讀得多思考也多，就會清楚地看到知道的東西還很少。」

讀書雖然重要，但還是需要與思考相結合。

讀完一本書，甚至要花三倍的時間去思考、去消化，才能真正把書中的知識，變成自己的財富。正如法國作家巴爾扎克（Honoré de Balzac）所說：「一個能思考的人，才是一個真正力量無邊的人。」

1 思考的第一步是了解書中所講的含義

讀書不能沒有思考，而思考的第一步是了解書中所講的含義。這是最基礎的步驟，也是一切思考的前提。因為讀一本書，首先得讀懂書裡的內容，這就離不開思考。

透過積極的思考，或借助工具，如參加相關的讀書會，請教他人，將書中的內容理解透徹，這是讀書必不可少的過程。

2 多問幾個「為什麼」

當理解書中的內容之後，你對這些內容有什麼看法呢？是否有不解之處？如果有，那一定要多問幾個「為什麼」：

- 為什麼作者要這樣構思行文？
- 為什麼作者的經歷如此豐富？
- 為什麼書中所講的事物會有這樣的特性？

對於所提出的疑問，你應該結合實際經驗，做深入的研究和透徹的思考，這樣才能提高自己的認知水準。

科學家牛頓曾說：「若說我對世界有些貢獻，那不是因為別的，只因我辛勤持久的思考所致。」在讀書的時候思考，一是為了學習已有的知識，二是為消化所學的知識，並努力表達自己的見解，由此深化認識，加深理解。

3 盡信書不如無書，對書要有質疑的態度

讀書不僅僅是為了學習別人現成的知識，還要在他的知識和發現的基礎上，提高自己對事物的認知。切不可盡信書，因為書也是別人寫的，是人寫的就難免有不完美的地方，甚至有錯誤之處。我們要勇敢質疑，小心求證。

蓋倫（Galen）是古羅馬時代的名醫，也是解剖學的權威人士，且建立了完整的解剖學理論。他認為肝臟的「自然之氣」混在血液裡，就像潮汐漲落那樣，每天來回做著直線運動，以供給各器官營養，維持生命。

一千多年來，人們將他的書視為經典，把他的觀點奉作真理，從來沒有人提出過質疑。但比利時醫師維薩里（Andreas Vesalius）卻沒有迷信，在大量臨床實踐的基礎上，他提出不同的見解，並寫了一本名為《人體的構造》的著作，糾正了蓋倫認知上的錯誤。

人類對事物的認識，往往不是一次就可以完成，而是分階段性的。因此，當你看到前人對某件事情提出觀點之後，切不可認為他的看法是百分之百的正確。或許前人也有思考欠妥的地方，抑或遇到不解之處，因此，應該在他的基礎上，吸收其有益觀點的同時，對感到不解的、不認同的地方提出質疑，並積極求證，尋找新的答案，這樣才能透過閱讀，不斷地提高自己。

人生箴言

讀書而不回想，猶如食物而不消化。

——愛爾蘭作家伯克（Edmund Burke）

46

納德．蘭塞姆：睡前5分鐘自省自問

假如時光能倒流，世界上將有一半的人可以成為偉人。

——納德．蘭塞姆

納德．蘭塞姆是法國著名的牧師，他去世之後被安葬在聖保羅的大教堂，其墓碑上工整地刻著他的字跡——假如時光能倒流，世界上將有一半的人可以成為偉人。

有人是這樣解讀的：「如果每個人都能把反省提前幾十年，至少有一半的人可以成為了不起的人。」這足以體現反省對於一個人成長、成才、成功的意義。

縱觀古今中外，那些成就卓越的優秀人士，都有自我反省的習慣。晚清重臣曾國藩，對於自身出現的問題，皆勇於自我批評；日本著名的實業家稻盛和夫，每天都會反省自己是否有一顆善良、高尚的心靈，是否在做利他的事情。

人稱「經營之神」的松下幸之助，也有自省的習慣。有一次，一位下屬因欠缺經驗，導致工作失誤，他勃然大怒，在公司會議上狠狠予以批評。事後想一想，他覺得自己言行過激，深感慚愧，於是親自打電話誠懇道歉。當天恰逢那名下屬喬遷新居，松下幸之助立即登門祝賀，還幫忙搬家具，忙得滿頭大汗，令下屬十分感動。

自省是一個人成功的關鍵因素。只有每天養成自我反省的習慣，每天與自己對話，才能客觀地評價與不斷地提高自己。職場競爭空前激烈，逆水行舟，不進則退，要想走在眾人的前列，唯有不斷地自省。

自省1 今天的工作都完成了嗎？

很多上班族每天走出公司大門，就猶如逃離籠子的鳥兒，覺得迎來了短暫的自由。與此同時，他們拖著疲憊的身子回到家，恨不得早點躺在床上睡大覺，好像只有睡覺，才能緩解身心那種說不出的累。能夠早些躺平沒什麼不好，但最好不要倒頭就睡，不妨靠在床頭，閉上眼睛，在腦子裡慢慢地回顧這一天的工作。

自省2 今天與同事相處得如何？

身在職場，每天面對的不僅僅是工作，還要與人打交道。如果和大家相處愉快，無疑會增加上班時的動力和樂趣。你有必要問自己幾個問題：

- 我與同事、上司甚至是下屬相處得如何？
- 我對待公司客戶是不是仍表裡如一？
- 我的言行是否有不太禮貌、冒犯到別人的地方？
- 我今天在溝通和言談中，哪些方面表現得不錯，值得繼續努力？

透過向自己提問，可以明確自身與人交往的優點和不足，從而提醒自己保持優點，彌補不足，以成為更受歡迎的人。

自省3 今天犯了哪些不該犯的錯誤？

人人都會犯錯，犯錯不可怕，可怕的是逃避錯誤，不願意從中吸取教訓，且不積極改正錯誤。為此，有必要每天問自己：

- 我今天犯了哪些不該犯的錯誤？
- 這些錯誤分別是什麼原因造成的？
- 怎樣避免不再犯類似的錯？
- 哪些錯誤是我難以掌控的？以後又該如何避免？

對於不該犯的錯誤，如粗心大意導致工作出錯、言行不慎得罪客戶等，這些都不是能力不足，而是態度問題，一定要改正過來；對於某些錯誤，是自己控制不了的，或意料之外的，也要及時總結原因，下次儘量避免。

自省4 是否離目標更進一步？

積極的職場菁英，應該有明確的人生目標，它可以分為長期、中期和短期。

- 短期：通常是每天的工作目標，譬如今天要達到多少銷售額？要完成幾件設計任務？
- 中期：為一個階段性的目標，可以是一個月，也可以是2、3個月。
- 長期：由中期和短期目標群組成，是需要漫長的堅持和努力才能實現，可能是一年的總目標，也可能是3年、5年的大目標。

很多人都知道目標和計畫的重要性，平常也很奮發向上，努力地按照計畫去執行，但最終還是沒有達成目標。或許因為他們忽略了每天的自我省思，這個過程可讓浮躁的心情沉澱下來。這樣才不會因為某一天超額完成目標而得意揚揚，忘了初衷；也不至於因某一天未完成目標而消沉沮喪，一蹶不振。凡事一步一腳印，才能穩健朝人生的大目標邁進。

行動方案

每天問自己以下幾個問題：

Q1 我今天的工作都完成了嗎？完成的品質如何？

Q2 是否有做得不好的地方？如果有，應該如何改進？

Q3 工作效率怎麼樣？該如何提高效率？

Q4 是否很忙碌？為什麼忙碌？該想想辦法解決嗎？

Q5 有擬定計畫的習慣嗎？有按計畫工作嗎？

Q6 明天的工作計畫制訂好了嗎？工作重點是什麼？

捫心自問上述的問題，才能促使自己不斷地思考：怎樣才能提高工作效率？如何才能讓自己不窮忙？

47

高效能人士：做好自我投資

人生最值得下重本的是投資自己。

——《與成功有約：高效能人士的七個習慣》（The 7 Habits of Highly Effective People）

美國田納西州有一位來自祕魯的移民，經過多年的辛勤開墾和耕種，胼手胝足在此處擁有6公頃的山林。後來，美國西部掀起淘金熱，他變賣了所有的家產和耕地，舉家西遷後，買了90公頃的土地，想在其下進行鑽探，希望能找到金礦或鐵礦。可是5年過去了，他沒有挖到任何東西，而且把家底都折騰光了。

當他一身落魄地回到當初的故地時，發現那兒機器轟鳴，工棚林立。一打聽才知道，當年被他變賣的山林就是一座金礦，新主人正在挖土煉金。如今這座金礦仍在開採中，它就是美國著名的門羅金礦。

一個人一旦失去屬於自己的東西，就可能錯過一座金礦。因為每個人原本就是一座金礦，只可惜很多人沒有意識到，他們總是將眼光投向別處，疲於奔命般找尋寶藏，卻忘了審視與投資自己。當初那位祕魯移民，如果有認真考察自己的山林，用心探勘，也許他就能成為那座金礦的主人。

在這個世界上，每個人都像一塊深藏寶物的土地，皆有獨特的潛能和天賦，這些潛能和天賦，就像金礦一樣需要去發現，去開採。因此，學會自我投資是必要的，只有懂得在自己身上投資的人，才能開發出自身與生俱來的寶藏，成為最富有的人。

對於身處職場的上班族來說，可從四個面向展開對自己的投資。記住，自我投資需要耐心和長期堅持。只有持續不斷，才能看到奇蹟發生。

1 知識投資

美國一所大學畢業考的最後一場考試，教授把試卷發給全班同學。考卷上只有5個申論題，而且是學生們從未接觸過的題目，大家面面相覷、不知所措。時間一分一秒地過去，考試時間結束，教授開始收考卷。

學生們一個個垂頭喪氣，臉上寫滿了無奈。教授端詳著大家的臉，詢問道：「有幾個人答完了5道題？」沒有人舉手；「有誰答完了4道題？」還是沒有人反應；「3道題？2道題呢？」眾人都不說話；「答完一道題的總有吧？」全班學生沉默不語。

突然教授轉憂為喜，面帶微笑地對他們說：「這正是我的預期，我只是想讓大家知道，即使你們完成了四年的大學教育，仍然有不懂的知識，這些回答不了的問題，正是日後應該持續去學習的。」教授接著說：「大家請放心，這個科目你們都會及格，但要記住，雖然大學畢業了，但是學習之路才剛剛開始。希望你們走入社會之後，繼續保持一顆學習之心。」

時間流逝，學生們已經淡忘了這位教授的名字，但是他的教誨卻讓大家刻骨銘心。

學習是永無止境的事情，也是一件終生不止的事業。在今日這個網路時代，獲取知識的管道很多且便捷，只要願意學習，到處都是方法。

2 資源投資

資源投資就是指累積人脈。「朋友多了路好走。」在職場中，除了廣交同行，還應該多多認識各行各業的朋友，尤其是屬於「潛力股」類型者，更不能放過。無論是工作或事業上，還是生活、休閒方面，都需要朋友的幫忙與鼓勵。倘若能透過這樣的方式，一點一滴的努力拓展人際關係，便可以擁有強大的人脈資源，萬一有困難要向外求助的時候，就能獲得更多的支援。

3 經歷投資

一個人的經歷是其寶貴的財富。走得多，看得多，想問題的思路也會大不一樣。工作之餘，應該儘量多出去增廣見聞，例如來一次說走就走的旅遊，哪怕是「窮遊」，也可以去到未曾去過的地方，體驗不曾探索過的風土人情。

或是從事一些具有冒險性、挑戰性的任務，如登百岳、野外求生等；假使手頭有點閒錢，還能嘗試一些小資本的創業，無論是是擺地攤、微創業，也都會產生不同角度的思維，更多方面以老闆的心態去思考問題。

年輕時的折騰、失敗、挫折，這些在當時看來，確實令人沮喪、讓人失望。但是多年以後，再回頭去看這些經歷時，反而會感激那段艱難困苦的歲月，因為經歷是一筆珍貴的財富，可以讓一個人成長、成熟，並走向成功。

4 健康投資

一個人的身體健康是1，財富、事業、家庭等，都只是這個「1」後面的「0」，少一個「0」沒關係，但沒有這個「1」，後面再多「0」都顯得毫無意義。

無論工作多忙，或覺得自己還正值壯年，都不要忽視對健康的投資：養成規律的生活作息，每個星期進行適度的運動，定期去醫院健康檢查等，都是必要的。因為擁有健康，一切才會變得意義非凡。

人生箴言

學習永無止境，在網路時代，只要願意學習，到處都是方法。

本章重點總覽

HIGHLIGHT

- 在工作時，要暫時放下生活的愜意，下班之後，同樣應該暫時捨掉工作，全心享受愜意的生活。
- 隨身攜帶一本書，你會發現等待的時間不再漫長，等待的過程不再煎熬。
- 書讀得越多而不加以思考，就會覺得自己知道的很多。若書讀得多思考也多，就會清楚地看到知道的東西還很少。
- 如果每個人都能把反省提前幾十年，至少有一半的人可以成為了不起的人。
- 只有懂得在自己身上投資的人，才能開發出自身與生俱來的寶藏，成為最富有的人。

國家圖書館出版品預行編目 (CIP) 資料

累死你的不是工作，是工作方法 / 李文勇著 . -- 初版 . -- 新北市：幸福文化出版社出版：遠足文化事業股份有限公司發行，2021.08
面；　公分
ISBN 978-986-5536-90-9(平裝)
1. 職場成功法

494.35　　110012899

富能量 024

累死你的不是工作，是工作方法

作　　者：李文勇
責任編輯：林麗文
特約編輯：羅煥耿
封面設計：木木 LIN
內頁設計：王氏研創藝術有限公司
印　　務：江域平、李孟儒

總 編 輯：林麗文
副 總 編：梁淑玲、黃佳燕
主　　編：高佩琳
行銷企劃：林彥伶、朱妍靜

社　　長：郭重興
發 行 人：曾大福
出　　版：幸福文化／遠足文化事業股份有限公司
地　　址：231 新北市新店區民權路 108-1 號 8 樓
網　　址：https://www.facebook.com/happinessbookrep/
電　　話：(02) 2218-1417
傳　　真：(02) 2218-8057
發　　行：遠足文化事業股份有限公司
地　　址：231 新北市新店區民權路 108-2 號 9 樓
電　　話：(02) 2218-1417
傳　　真：(02) 2218-1142
電　　郵：service@bookrep.com.tw
郵撥帳號：19504465
客服電話：0800-221-029
網　　址：www.bookrep.com.tw

法律顧問：華洋法律事務所 蘇文生律師
印　　刷：通南印刷

初版一刷：西元 2021 年 8 月
初版九刷：西元 2023 年 5 月
定　　價：360 元
